高等院校艺术设计类“十四五”新形态特色教材

商业空

主　编　莫春华　陆斐然

副主编　张　骥　吕　炜　刘　琛

蒋粤闽　黄　杰

微课
视频版

中国水利水电出版社
www.waterpub.com.cn
·北京·

内 容 提 要

随着社会经济的快速发展，人们对商业空间环境的要求也在不断提升，本教材紧密结合当下的社会实际需求，以案例为依托，将理论有机结合，分7个单元详细阐述了商业空间设计的概论、类型与组织、标识与导向系统设计、照明设计、色彩设计、主题情景设计和体验式设计等内容。本教材理论与实践相结合，有效融入课程思政、企业要求等相关内容；并配有丰富的数字资源和课件，便于读者自主学习，轻松掌握知识要点。

本教材可作为高等院校环境艺术设计、室内设计、建筑学等专业的教材，也可供环境艺术设计、室内设计、建筑装饰等行业的设计师学习、培训和参考使用。

图书在版编目（CIP）数据

商业空间设计 / 莫春华，陆斐然主编. -- 北京 : 中国水利水电出版社，2023.12
高等院校艺术设计类"十四五"新形态特色教材
ISBN 978-7-5226-2078-7

Ⅰ. ①商… Ⅱ. ①莫… ②陆… Ⅲ. ①商业建筑－室内装饰设计－高等学校－教材 Ⅳ. ①TU247

中国国家版本馆CIP数据核字(2024)第012880号

书　　名	高等院校艺术设计类"十四五"新形态特色教材 **商业空间设计** SHANGYE KONGJIAN SHEJI
作　　者	主　编　莫春华　陆斐然 副主编　张　骥　吕　炜　刘　琛　蒋粤闽　黄　杰
出版发行	中国水利水电出版社 （北京市海淀区玉渊潭南路1号D座　100038） 网址：www.waterpub.com.cn E-mail：sales@mwr.gov.cn 电话：（010）68545888（营销中心）
经　　售	北京科水图书销售有限公司 电话：（010）68545874、63202643 全国各地新华书店和相关出版物销售网点
排　　版	中国水利水电出版社微机排版中心
印　　刷	清淞永业（天津）印刷有限公司
规　　格	210mm×285mm　16开本　6.75印张　196千字
版　　次	2023年12月第1版　2023年12月第1次印刷
印　　数	0001—2000册
定　　价	**45.00**元

“行水云课”数字教材使用说明

“行水云课”水利职业教育服务平台是中国水利水电出版社立足水电、整合行业优质资源全力打造的“内容”+“平台”的一体化数字教学产品。平台包含高等教育、职业教育、职工教育、专题培训、行水讲堂五大版块，旨在提供一套与传统教学紧密衔接、可扩展、智能化的学习教育解决方案。

本套教材是整合传统纸质教材内容和富媒体数字资源的新型教材，它将大量图片、音频、视频、3D动画等教学素材与纸质教材内容相结合，用以辅助教学。读者可通过扫描纸质教材二维码查看与纸质内容相对应的知识点多媒体资源，完整数字教材及其配套数字资源可通过移动终端APP、“行水云课”微信公众号或中国水利水电出版社“行水云课”平台查看。

扫描下列二维码可获取本书课件。

前言

当今社会经济发展迅猛，人民生活水平不断提高，对商业环境的数量和质量要求日益提升，为商业空间设计的从业人员带来了更多机遇和更大的挑战。

在各个大专院校普遍开设环境艺术设计专业的今天，商业空间设计始终是本专业教学中的重点和难点。为了满足社会和大众对商业空间高品质的期待，商业空间设计的专业水平应进一步提升。因此，相应的教材需要与时俱进，以适应大众新的消费需求和审美意向。鉴于此，我们编写了本书，重点突出以下几个方面：

（1）本教材是课程组与无锡美湖环境设计工程有限公司合作编写的校企合作教材，注重体现“夯实基础、校企结合、案例教学”的特色，编写中引用了该公司近几年多个真实的工程案例，教材内容根据公司专业设计师的建议进行调整，由此更好地贴合行业、企业和市场的实际需求。

（2）为了避免内容生硬枯燥学生难以理解，教材采用案例分析的方式，将大量在实践中用户体验较为成功的设计方案进行系统诠释，使知识点更便于理解，同时也增加了趣味性，提高了学生的学习兴趣。

（3）本教材知识单元6商业空间中的主题情景设计强调设计中主题与情感的体现。通过大量的调研和实地走访发现，受工业文化影响，很多商业空间表现得“冰冷和不近人情”。在竞争和压力与日俱增的当下，商业空间设计应该具有“人情味”，充分考虑消费者的心理需求，拉近与消费者的心理距离，才能获得市场的认同，实现商业价值的回报。知识单元7商业空间体验式设计是针对当下实体店与网络营销所带来的冲突设置的，是对当前市场上痛点问题的回应，强调设计一定要与时俱进。

（4）习近平总书记在党的二十大报告中指出，要“繁荣发展文化事业和文化产业。坚持以人民为中心的创作导向”，“坚持把社会效益放在首位、社会效益和经济效益相统一”，“实施国家文化数字化战略，健全现代公共文化服务体系，创新实施文化惠民工程。健全现代文化产业体系和市场体系，实施重大文化产业项目带动战略”。本教材在编写中融合思政教学，将思政元素贯穿始终，内容丰富翔实，引导学生树立正确的世界观、人生观和价值观，提高学生的自主创新意识，致力于培养扎根中国大地、符合现代化建设需要的卓越人才，教学中坚持与时俱进、展现时代精神。在专业教学和人才培养过程中将知识传授、能力培养与价值引领有机融合，着力落实立德树人的根本任务。在课程教学中教育引导学生立足时代、扎根人民、深入生活，树立正确的艺术观和创作观。同时坚持以美育人、以美化人，积极弘扬中华美育精神，引导学生自觉传承和弘扬中华优秀传统文化，全面提高学生的审美和人文素养，增强文化自信。

本教材由江苏信息职业技术学院莫春华、陆斐然担任主编，其中，莫春华负责教材的编写和视频录制，陆斐然负责教材的审核和咨询指导。无锡南洋职业技术学院张骥、南通职业大学吕炜和刘琛、江苏信息职业技术学院蒋粤闽、无锡美湖环境设计工程有限公司黄杰担任副主编，负责提供精彩的案例和专业素材。

本教材编写过程中，我们尽最大可能做到内容深入浅出，学生易懂、易学。但由于编者水平有限，书中难免有不妥之处，敬请读者提出宝贵意见。

编者

2023 年 10 月

目录

知识单元4　商业空间中的照明设计/40

知识单元5　商业空间中的色彩设计/52

知识单元6　商业空间中的主题情景设计/66

知识单元7　商业空间体验式设计/83

知识单元1 商业空间概论

●知识要点

商业空间的概念，商业空间的分类，商业空间的特点。

●学习目标

掌握商业空间的基本概念、分类和特点，了解我国古代商业市场发展的历程和现代主要商业街区的发展情况。

●思政要点

通过学习我国古代商业市场发展简史，体会中国古代历史的源远流长和传统文化的博大精深，增强学生的民族自豪感和文化归属感。

●企业要求

对比其他公共空间，充分了解商业空间的特点。

1.1 商业空间的概念

1.1.1 广义概念

从广义上可以把商业空间定义为所有与商业活动有关的空间形态。

1.1.2 狭义概念

从狭义上可以把商业空间理解为是社会商业活动中所需的空间，即实现商品交换、满足消费者需求、实现商品流通的空间环境（图 1.1）。从狭义的概念理解商业空间包含了诸多的内容和设计对象，例如博物馆、展览馆、商场、步行街、写字楼、宾馆、餐饮店、专卖店、美容美发店等（图 1.2）。随着时代的发展，现代意义上的商业空间必然会呈现多样化、复杂化、科技化和人性化的特征，概念也会产生更多不同的内涵和外延。

微课视频

校企合作
公司介绍

图 1.1　无锡恒隆广场商业区装修工程

图 1.2　无锡华莱坞影都商业街区局部及食堂装饰工程

商业空间设计不同于其他的室内空间设计，是综合较多空间的装饰艺术，为了满足人们审美追求和物质需要而演变和发展的空间环境设计。商业空间的面貌反映了所在城市的发展水平，好的商业空间设计能够让人印象深刻，更加吸引顾客们的眼球（图 1.3）。商业空间设计除了满足人类精神和审美的需求以外，还要注重装饰氛围的烘托和实际功能之间的关系。不同类型的商业空间设计在功能、创意和布局上有着较大的差异，商业空间设计要根据不同的商业类型风格创造出各具特色的室内环境，使得各个商业空间更加协调和统一（图 1.4）。

图 1.3　无锡拈花湾商业街区及门店装饰

图 1.4　无锡清名桥古运河景区古运河餐厅

1.2　商业空间的分类

商业空间大致可分为购物中心、餐饮空间、休闲娱乐空间等。

1.2.1　购物中心

购物中心是为人们提供购物体验和休闲娱乐的场所。商业空间设计中购物空间的布局设计要充分考虑人流的走向以及商品陈列，包括设置商品展示橱窗、休息区和娱乐休闲区等，营造舒适、宜人的购物环境（图 1.5）。

图 1.5　嘉兴八佰伴购物中心

1.2.2　餐饮空间

餐饮空间可以为人们提供方便、快捷的用餐环境，餐饮空间设计是商业空间设计的重要组成部分，不同的餐饮空间其装饰环境和种类大不相同，厨房和基础服务设施非常值得关注，厨房是餐饮空间设计的重点之一。除此之外，餐饮空间常常借助灯光、墙面装饰的效果来烘托用餐氛围，使整个空间显得更加有格调。

1.2.3　休闲娱乐空间

商业空间设计还包括会所、KTV 等娱乐休闲空间环境的设计，现在娱乐休闲区的空间划分较过去更加分明确，有接待区、主要服务区、卫生间、设备区等，布局也更加合理化和人性化。除此之外，商业休闲娱乐空间还包括展览馆和艺术馆等，为人们提供美的视觉享受（图 1.6）。

图 1.6　无锡太湖欢乐园室内游艺装修工程

1.3　商业空间的特点

商业空间是集多种功能于一体的商业场所，内部面积大，业态变化多，伴随着服务设施的各种叠加，形成了休闲、购物、娱乐、生活的美好空间。

1.3.1　内部面积大

随着人们生活水平的提高，对物质、精神生活有了更高的追求，很多商场在规模上都在不断地扩建。人口密度的增长也促进商业空间规模的不断扩张，满足人们对生活品位的追求，也进一步促进了经济的发展（图 1.7～图 1.9）。

1.3.2 业态变化多

商业的兴起涵盖了丰富而全面的业态，通过空间的组合，形成了集购物、餐饮、娱乐、文化于一体的消费场所，人们不但可以享受到多种业态集合成一体的商业空间带来的全新感受，同时也可以体验足不出户的一站式生活消费方式。

1.3.3 服务设施增加

由于人们消费力度的增加，快递、银行、旅游资讯等一系列服务设置的增加又成为商业空间中一道亮丽的风景线，客户在商场消费后，商场自带的配送点可以直接把物品寄回家，为客户提供了贴心、省心的商品配送及售后服务。

图 1.7 无锡融创文化旅游城公共区域装修工程

图 1.8 芜湖八佰伴

图 1.9 宜兴八佰伴

1.4 我国古代商业市场发展历程

我国地大物博、历史源远流长。距今约四五千年前，随着农业、畜牧业、手工业的分工，产生了以物易物等最原始的商业活动，市场应运而生。当时的市场没有固定的开市时间、场地和规范的管理，尚未形成规模。商代出现了专门从事商品买卖的商人阶层，商业活动活跃。《尚书・酒诰》中记载有殷人“肇牵牛车远服贾”的史实。

西周时，商业成为社会经济不可缺少的一个部分，出现集中买卖货物的固定场所。《周易》中记载：“日中为市，致天下之民，聚天下之货，交易而退，各得其所。”据《周礼》记载，周朝的市场有三种类型，即贵族参加的大市在午后进行，商人参加的朝市在早晨进行，小贩参加的夕市在傍晚进行。

秦始皇统一六国之后，统一货币（图 1.10）和度量衡，修驰道，促进了经济繁荣。随着交易规模的扩大，市场的活动空间也日益扩大，城市迅速形成。城市是天然的市场，古代就有“筑城以固土守民，设市以便于交易”的记载。

西汉“开关梁，驰山泽之禁，是以富商大贾周流天下，交易之物莫不通”。张骞通西域后，开辟了“丝绸之路”，中外贸易逐渐发展起来。长安、洛阳、邯郸、临淄、宛城、成都等城市成为著名的商业中心，设有若干固定市场，称为“市井”。长安城最早设有东、西两市，后增至九市。市内设出售商品的店铺“商肆”。市井设官署，有专职的门吏和市令，对城市各市场进行严格的控制和管理；每个市场还设有官署市楼（旗亭），上悬大鼓，以击鼓通知开市和闭市。

东汉时，有些城市开始打破禁锢，兴起“夜朵”，这是夜市的萌芽。

图 1.10 秦币

图 1.11 唐币

唐朝效仿隋朝创立和改良币制，唐市的发行对唐朝经济的稳定繁荣起到了重要作用（图 1.11）。全国县以上城镇均有市，以长安市、洛阳市为最大。长安市城内东西有对称的商业区，即东市和西市，占地很大，八方商客和外国行商云集于此交易（图 1.12）。东、西两市场内有“行”的组织产生，是保护同行商人利益的组织。据《长安志》记载：“市内货财二百二十行，四面立邸，四方珍奇。皆所积集。”商业区与居民区分开。市场由市令、市丞管理、征收商税。市场活动有时间限制，每天中午击鼓三百声，开始贸易。

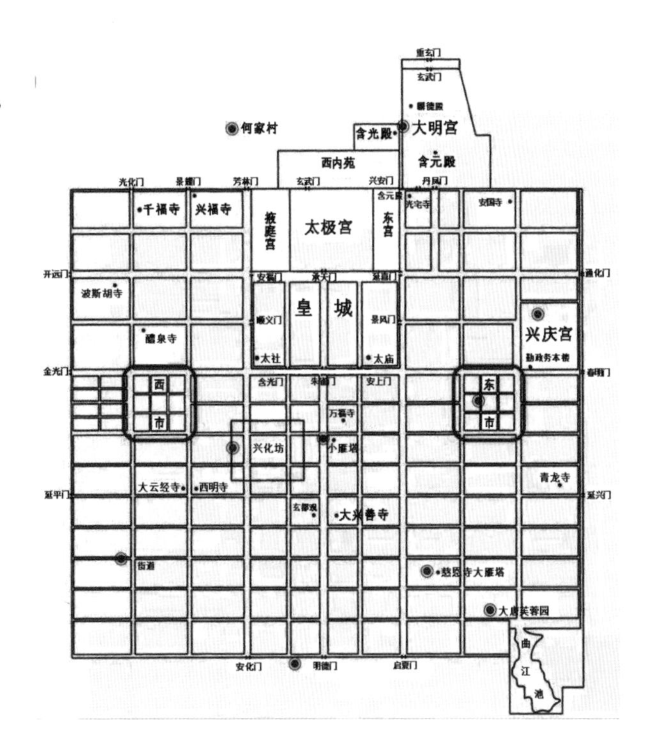

图 1.12 唐代两市分布图

宋代商品经济有了新发展。商业发达的城市更多了，城市的商业活动打破了唐以前固定于一定地方的制度，取消了营业时间的限制。北宋都城汴京是全国商业和交通中心，城内外商店铺席遍布，还有定期的集市贸易，有的店铺屋宇雄壮，门面广阔，“每一交易，动即千万”[1]。城里到处有酒楼、食店、茶坊，出现

[1] [宋] 孟元老《东京梦华录 · 东角楼街巷》。

了“夜市”。市场上有南方的米、果品、名茶、丝织品，有沿海的水产，西北的牛羊、煤，成都、福建、杭州的纸、印本书籍，两浙的漆器和各地的陶瓷器皿、药材、珠玉金银器等。宋代画家张择端所绘的《清明上河图》就是北宋都城清明时节的繁荣景象（图 1.13）。

图 1.13 《清明上河图》（张择端 宋代）

元代实现了国家的空前统一，为经济的进一步发展奠定了基础，商业持续繁荣。

明清时期，小农经济与市场的联系日益密切，农产品商品化得到了发展；城镇经济空前繁荣，北京和南京成为全国性的商贸城市。全国各地涌现出许多地域性的商人群体，称为商帮，其中最具代表性的是徽商和晋商。

1.5　我国商业街区发展状况

商业街区是城市商业活动集中的街道，是由大量的零售业、服务业商店作为主体，集中于一定的地区，构成有一定长度的街区。其中，成都宽窄巷子、北京三里屯商业街、上海新天地等六条商业街颇具代表性。

1.5.1　成都宽窄巷子

从古至今，成都以文化兴盛著称，是国务院公布的首批 24 个历史文化名城之一，以金沙遗址、古蜀文明和三国文化著称。世界上最早的纸币“交子”（图 1.14）诞生在北宋时期的成都。司马相如、李白、杜甫、陆游、郭沫若、巴金等文人学者都曾寓居成都，留下了许多名篇佳作。成都作为先秦古城、天府之都，历时两千多年不易其址、不更其名，以蜀文化为主体的地域文化传统独具特色，渗透到市民日常生活的各个方面，构成城市文化的重要内涵。

宽窄巷子位于成都市中心天府广场，最初是清朝八旗子弟的居住地，民国时期大批的文人名士在此居住，中华人民共和国成立以后，宽窄巷子的房屋成为民居，之后因为房屋售卖，居住人口变得多元化（图 1.15）。作为成都遗留下来的较成规模的清朝古街

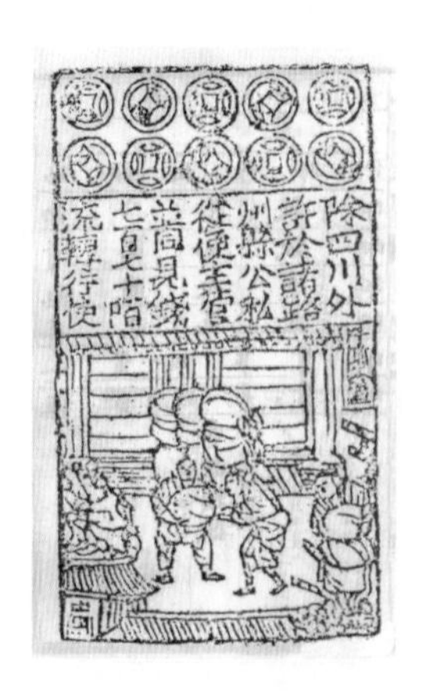

图 1.14　交子

道，宽窄巷子更像厚重文化与时尚潮流融合的商业典型，佐以繁华的烟火气，再加上千年少城的历史韵味，以“老成都底片”“经典文化地标”等标签屹立于蓉城。宽窄巷子是成都2300年来城市建设发展与演变的见证者，从“两江环抱、三城相重”的城市格局演变成如今的路网与河道，宽窄巷子留存清末民初的历史痕迹就显得尤为独特。

图1.15　成都宽窄巷子（一）

宽窄巷子由宽巷子、窄巷子和井巷子三条平行排列的老式街道及其之间的四合院落群组成，俗称老成都“千年少城”城市格局和百年原真建筑格局的最后遗存，也是北方的胡同文化和建筑风格在南方的“孤本”（图1.16）。宽窄巷子地处城市中心区，是成都市布局“总体战略布局历史文化名城展示体系”与“历史文化遗产保护体系”双体系的重要部分。宽窄巷子按照“少拆多改，载体转型，修旧如旧”的原则优化街区景观风貌，修复核心区院落50个，改造提升临街店铺128家。同时实施了泡桐树、小通巷、奎星楼等6条街道的建筑外立面、绿化景观、慢行交通、院落环境、电力设备改造提升。宽窄巷子逐步形成了“一巷一主题、一院一景”形态与业态融合布局，同时构成独特的街、巷、院肌理，塑造“少城生活”主题街区，形成了宽巷子“闲生活”、窄巷子“品生活”、井巷子“市井生活”、小通巷“雅生活”、泡桐树街“漫生活”、奎星楼街“文创生活”的特色主题消费场景。宽窄巷子升级载体及品牌，优化核心区原有商户业态24家、拓展区87家，引入新业态商户75家，实现了由单一且小散零售型业态向文创艺术、文化展演、高端餐饮等多元规模化经营业态转变，宽窄巷子的商业品质也显著提升。同时，宽窄巷子还着力于“科技＋消费”智慧街区的建设，打造“吃住行游购娱一体化”的新消费体验样板，并借助“营销＋消费”的大力推动，不断强化宽窄巷子的文化印记和公众形象（图1.17）。而作为拥有巨大流量的城市IP，宽窄巷子正不断将其影响力转换成城市的旅游竞争力和市场购买力，同时发挥出巨大的溢出效应。

图1.16　成都宽窄巷子（二）

图1.17　成都宽窄巷子（三）

图 1.18　成都宽窄巷子（四）

近年来，宽窄巷子深入挖掘老成都文化，修复文化场景，完成了记忆四川等一批老成都文化地标的打造修复，推动非物质文化遗产、成都特色工艺美术和名特优产品进街区。宽窄巷子消费辐射力和带动作用正不断增强。在改造提升过程中，宽窄巷子步行街成功地串联起了天府锦城“八街九坊十景”项目。坚持将文化与商业有机结合，在文化基因的加持下，宽窄巷子的空间、业态、品牌的多维创新体验打造已经成为其立身之本。文化旅游商业作为商业地产的重要分支，越来越受到主流开发商的关注与实践（图 1.18）。宽窄巷子作为休闲型旅游商业街，青黛砖瓦的仿古四合院落建筑设计、“特色餐饮 + 休闲娱乐 + 精品零售”的业态组合、“成都宽窄巷子夜游活动”等活动也形成具有城市文化特色或潮流时尚的营销，从建筑、景观、业态、活动等方面为游客创造独特体验的环节。“窄亦宽、宽亦窄，窄能变宽，宽中有窄，有宽有窄……”短短几言，极尽描摹出宽窄巷子的东方文明和中式哲学。这种宽窄哲学构建“宽 + 窄”两条文化中轴线，四合院、羌族刺绣、功夫茶等老工艺、老手艺与新型体验场景、IP 文创等新兴业态在吸引消费者的同时，也在不断加深宽窄巷子的文化内核。如今，宽窄巷子不断刷新的人流量证明其好逛易逛，凭借恰当的转型和升级，始终与市场同步，打通跨域跨业态链条，深挖区域优势，突破运营局限，从业态、场景、运营的优化提升到文化遗产的保护，串联起文化和商业的全新消费场景。

1.5.2　北京三里屯商业街

三里屯商业街位于北京市朝阳区，因距内城三里而得名（图 1.19）。北京三里屯酒吧街是北京夜生活最繁华的娱乐街之一，是居住北京地区的外国友人以及国内喜爱时尚追逐潮流的人们经常光顾的地方。每到夜色阑珊，这里灯红酒绿，人流熙攘，流光溢彩映衬着大都市喧嚣与奢华。开放式购物街区三里屯太古里，现已成为北京时尚潮流生活地标。太古里西区改建自北京著名的批发市场——雅秀大厦，既在外立面设计上为建筑植入了年轻时尚的基因，也通过内部空间的改造，为其商业空间及功能上带来了巨大提升。重生后的雅秀不仅是三里屯太古里向西拓展的新一代商业中心，也成了代表该区域商业空间演变的标志性建筑。

三里屯商业街的设计采用“开放城市”理念，包括“开放建筑”“开放城区”两个要素，大街、小径、庭院、广场等穿插其中。“开放建筑”的设计使众多不同类型的建筑可以和谐共存，同时因应时间的变化而作出调整，在底层的规划体系上，一座座形态各异的建筑形成了一种仿佛自发生长的丰富城市形态。“开放城区”的特点是建筑保持一定的独立性，不会严格限制建筑的高度，体现场所精神，对于异质性、混杂性和矛盾性具有较大的包容度。从 2008 年三里屯太古里开业至今，太古里项目早已成为最具活力的商业中心，成为商业产品线的金字招牌。太古里商业街与城市肌理丝丝入扣的融合，体现出传统文化与现代商业的共舞，是最具市场号召力的品牌集聚，这些都让太古里超出了简单的商业综合体项目本身，成为更加开放，充满活力，体现美好城市生活的寄托。

图 1.19　北京三里屯商业街

1.5.3　上海新天地

上海新天地是具有上海历史文化风貌，中西融合的商业街（图 1.20），以上海近代建筑的标志石库门建筑旧区为基础，首次改变了石库门原有的居住功能，创新性的改造赋予其商业经营功能，把颇具上海历史和文化特点的老房子改造成集餐饮、购物、演艺等功能于一体的时尚休闲文化娱乐中心。新天地的外景给人以时光倒流的感觉，有如置身于 20 世纪二三十年代的上海，而每个建筑的内部，则非常现代和时尚。新天地独特的设计理念，有机的组合与错落有致的巧妙安排融汇成上海昨天、今天、明天的交响乐。

图 1.20　上海新天地

1.5.4　南京 1912 街区

南京 1912 街区是集餐饮、娱乐、休闲、观光、聚会于一体，文化品位浓厚，以民国风情为主题的时尚休闲商业街，获得全国夜间经济示范街、中国著名特色商业街、江苏省文化产业示范街等荣誉称号。空间布局与建筑改造、业态布局与流线组织、空间氛围营造、运营管理等方面的经验值得同类型商业街区学习和借鉴。

南京 1912 街区由 4 大主题风情休闲广场、3 条街巷、19 幢民国风情独栋建筑组成，以合院为基本骨架，用街的方式将各幢建筑串联起来，在关键节点处整合出广场空间，建筑以两层为主，新旧建筑相互融合。三条街巷分别是沿太平北路及长江后街的外街、沿总统府围墙设置的内街，以及位于二者中间的中心步行街区和与之相交的巷道和街区。街区共 19 幢建筑，其中 5 幢是原有的民国建筑，最高的只有三层楼，大多数建筑是两层楼或者平房。建筑为青灰色墙体，是 1912 最具标志性的墙体色系，同时也兼有红色墙体。主要建筑材料采用玻璃、钢构、清灰砖和红砖为主，风格古朴精巧，错落有致。1912 街区的建筑尺度变化不大，布局相对匀称，尺度宜人契合传统，便于营造良好的街区体验氛围。南京 1912 街区作为商业运营的成功案例，已经成为城市的“客厅”，不仅是地理版图上的项目建设，更是文化、思维上的建设（图 1.21）。

图 1.21　南京 1912 街区

1.5.5　成都太古里

成都太古里位于成都大慈寺片区，有着深厚的历史文化背景，有许多传统建筑与商业空间相连接，雕塑艺术品点缀其间，体现出成都这座城市舒适闲散的风格。太古里的整体设计淡化了轴心和空间层次，形成片段化的松散空间结构，没有明确的商场中心，开放式的街区让视野更广阔，处处都是吸引人的精彩细节。太古里在商业动线的设计上，形成快区和慢区，两条动线穿插着纵横交错的近十条街巷，满足消费者自由活动的需求，可以使流动量变大，让老街区焕发出新的活力。

川西建筑从建筑单体上看讲究因地制宜，通常采用穿斗式木结构，墙体多用篱笆夹杂着泥土砌筑，屋顶采用青瓦坡式，以解决四川多雨季节屋面排水问题。成都太古里的建筑特点是仿民居的形式，保留了传统的房屋结构，立面采用玻璃钢构的形式，更好地适应商业化需求，瓦片坡屋顶增加整个空间的历史文化氛围，砖墙和山墙的演变使用现代材料，整体建筑新旧结合，反映出这座城市在保留文化底蕴的同时快速超前的发展趋势（图 1.22）。

图 1.22　成都太古里

1.5.6　上海田子坊

上海是一座工业文明高度发达的城市，享有工业生产所带来高速发展，也遗留下来许多废弃的老厂房。厂房具有深厚的历史文化内涵，田子坊是旧城改造的范本，它延续了街区的特色历史风貌和石库门文化的载体，最大程度发挥了历史建筑的多重功能（图 1.23）。

田子坊位于上海卢湾区，原为 20 世纪 50 年代的典型弄堂工厂群，建筑风格保留了原先的小天井、厢房、上下楼的格局与红砖墙、黑木门、条石门框的建筑外观。在功能上，旧厂房、旧仓库及旧民居经过改建，成为了画家艺人们的创作室、视觉创意中心、室内设计室、工业美术室等，并汇集了餐饮、娱乐、时装等多种商业店铺。田子坊的名字源于画家黄永玉引用《史书》中记载的一位名为“田子方”的画家，取其谐音而命名的，可以说田子坊名字本身，就是一件值得回味的文化小品。田子坊的文化艺术氛围和传统上海里弄风貌是吸引游客来访的重要因素，这种日常生活的真实，无疑源自于坚守在当地的居民，而浓厚的文化艺术氛围则要归功于曾经和依然在此进行创作活动的艺术家们。与很多城市搞的旧城改造工程不同的是，田子坊的综合改造提升最大限度地保留该区域的原始风貌。没有大拆大建，田子坊在传统的里弄里完成了综合改造提升，被评为“中国最佳创意产业园区”和“国家 AAA 级旅游景点”，成为上海的城市名片，扬名中外。

图 1.23　上海田子坊

田子坊已成为由上海特有的石库门建筑群改建后形成的时尚地标性创意产业聚集区。旧貌保护与现代利用巧妙融合，得到了完美统一，并发挥到极致，让“昨日”和“今天”浑然一体，这是田子坊的转型成功之处。田子坊在改造过程中充分利用了原有建筑的砖石墙体、房梁结构，既保留了老房旧屋的建筑美学特征，又将现代材质的设施、设备通过艺术手段融合其中，使得20世纪30年代的老厂房、窄窄挤挤的弄堂、石库门、亭子间华丽转身，变成了具有个性的画廊、摄影间、工艺店、咖啡馆、酒吧街，成为上海最为时尚、最为小资的休闲场所。

单元小结

本单元主要介绍商业空间的基本概念、分类和特点；阐述我国古代商业市场发展的历程和现代主要商业街区发展的情况。

思考题

1. 商业空间与其他公共空间的区别有哪些?
2. 结合商业空间的特点，谈谈在设计过程中要注意哪些问题?
3. 通过了解我国古代商业市场发展的简史，你有什么感受?
4. 我国的商业街区你最喜欢的是哪个，为什么?

知识单元2 商业空间的类型与组织

●**知识要点**

商业空间组成，商业空间中的动线组织，商业空间中动线的设计原则。

●**学习目标**

了解商业空间的形态和组成，掌握商业空间中动线组织的类型和设计原则。

●**思政要点**

引入行业内杰出企业的典型案例，以行业和企业实际需求为导向，引导学生建立自主创新意识，培养学生创新能力。

●**企业要求**

熟练掌握商业空间中动线的设计原则和组织方式。

商业空间内部的组织和业态布局是商业空间动线设计的核心部分，能够对功能形式和消费行为产生重要的影响。动线是多维空间要素的内在构成逻辑，并直接决定了空间的运行效率与内在秩序。

2.1 商业空间设计的艺术特征

商业空间是集购物体验和休闲娱乐于一体的公共空间。商业空间设计包含各类空间形态和休闲娱乐活动的设计，设计涵盖的范围大，通过室内的装饰、采光、照明、色彩搭配突出商业空间设计的主题文化。商业空间设计旨在为消费者提供更为人性化的购物体验和审美享受，让消费者在购物和娱乐的同时欣赏多样化文化风情的商业店铺，回味独特的商业空间设计环境。商业空间设计通过空间造型、室内灯光、装饰色彩的巧妙运用和软装陈设的搭配，给人以不同的氛围感受，形成集休闲娱乐于一体的商业空间环境（图 2.1、图 2.2）。商业空间设计的艺术特征主要表现在以下方面。

2.1.1 功能布局清晰

商业空间设计的功能布局具有综合性和多样性的艺术特点，设计师在设计时应该充分考虑消费群体的心理需求。在功能上以娱乐、休闲和购物为主；空间的功能布局应充分体现人性化和规范化的特点，按照不同消费者的购买需求进行合理的布局。除了考虑商业空间整体的布局之外，细节方面的装饰也是商业空间设计的亮点之一，不仅美化了商业空间的内部环境，也为消费者营造了舒适的购物氛围。因此，商业空间设计不仅体现消费和观赏的功能，更为重要的是功能布局的多样化、合理化、规范化，丰富商业空间设计的理念和表现形式（图 2.3、图 2.4）。

图 2.1 淮海农村商业银行金融大厦

图 2.2 无锡 N1955 文化园区

图 2.3 无锡鼋头渚旅游度假区

图 2.4 惠山古镇旅游度假区建筑修缮及亮化工程

2.1.2 注重环境氛围

商业空间设计在进行环境氛围营造的同时要更加注重设计的主题、装饰、地域和生态等特点，在空间布局上给消费者全新的、舒适的视觉体验，吸引消费者的目光，与消费者的生活品位、文化价值相匹配，使消费过程舒适愉悦。具有地域性和生态特点的商业空间设计要更加符合空间环境的艺术氛围，在体现出地域文化和精神风貌的同时，还能展示出人与自然和谐共生的设计理念。

2.1.3 重视体验式消费

体验式消费在商业空间设计中应用广泛，商业空间本身是为了给消费者提供交流体验的平台，服务和商品只是外在的体现，消费者的内心感受和体验才能引起与商业空间设计的情感共鸣。只有当消费者亲身体验后所产生的购买欲，才能使得商品实现真正意义上的价值，体验式消费也就随之产生了（图 2.5、图 2.6）。

图 2.5　南京诗鸿酒店

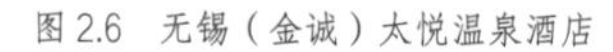

图 2.6　无锡（金诚）太悦温泉酒店

图 2.7　无锡大饭店室内改造工程

2.2　商业空间组成

商业空间是社会商业活动中用来实现商品流通和交换的公共空间，同时也能展示出现代城市的特殊风貌与商业空间的商业文化。现代意义上的商业空间必然会向多元化、科技化和人性化的方向发展。商业空间环境的塑造是为创造符合消费者心理需求且与时代特征相统一的消费场所（图 2.7）。

商业空间由引导空间、营销空间和辅助空间三个部分组成，根据商业空间的不同规模，这三部分也有相应的比例关系，既独立又相互联系。

2.2.1　引导空间

引导空间是建筑室内和室外的过渡空间，由入口与室内公共空间等组成，是吸引客户的重要部分。商业空间设计中要充分发挥该空间的引导作用，组织策划各种新颖奇特的活动，能够形成一道亮丽的风景（图 2.8）。

2.2.2　营销空间

营销空间是商业空间的核心部分，包括展示空间、购物空间、交通空间、服务空间以及休闲娱乐空间，其中购物空间是最重要的组成部分。交通空间是指通道、楼梯等设施所使用的空间，能体现出动线与交通组织，使消费者能轻松便捷地完成购物活动（图 2.9）。

图 2.8　引导空间

图 2.9　营销空间

2.2.3　辅助空间

辅助空间包括入口服务台、物品寄存处、试衣间等。入口服务台处于动线的前沿位置，能够突显商品和企业的形象，设计时需重点关注。物品寄存处更多的是体现出方便客户的功能。试衣间在一些商业空间中是必不可少的，要注意私密性（图 2.10）。

图 2.10　辅助空间

2.3　商业空间中的动线组织

商业空间内部的动线可分为人流动线和物流动线两种，其中人流动线又可以分为水平动线和垂直交通动线，物流动线主要包括卸货平台、货梯和卸货通道。

2.3.1 水平动线

水平动线是指在同一水平空间上的所有交通动线的集合，分为主动线、次动线和辅助动线。在商业空间中，主动线的设计不仅能合理规划各业态组织，使空间发挥出最大的使用价值，还能通过精巧的设计给消费者带来最直接的体验。次动线是比主动线窄的发散型动线，把不同需求的行为主体引导到适合的位置。辅助动线通常情况下是员工通道（图 2.11）。

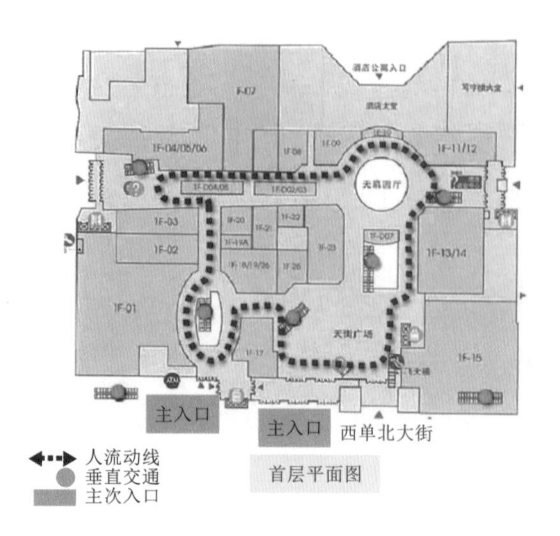

图 2.11 水平动线

商业空间水平动线的布局模式分四种：单线结构、双线结构、多线结构和环回流线结构。评估动线有三个指标，分别是可见性、可达性和位置感。可见性越高，购物行为发生的概率越高，商业价值就越高。可达性要求经过尽可能少的道路转换就可以方便到达，以提高购买率。位置感也是重要的评判标准，难以找到位置的空间会使客户迷失方向，花费许多不必要的时间，影响心情，减少购买行为。因此在商业空间的动线设计中，设计师通过重视动线系统的方位性和秩序感，使可见性达到最高，提高消费者在空间中的位置感，形成优质的动线布局。

1. 单线结构

单线结构是最简单的动线结构，包括一字形结构动线、L 形结构动线、曲线结构动线等。单线结构简单明了，能使空间布局清晰有序，顾客不会感到迷失。由于单线结构的动线形式较为简单，所以在设计单线结构的动线时需要在简单的动线上布置适当的节点来增加空间的趣味性，以免产生乏味感。可以将商业空间中的主力店铺置于水平人流动线两端或者中间位置，使消费者在商场内能产生清晰的方位感，还可以通过设置中庭来增加空间的趣味性（图 2.12）。

2. 双线结构

“十”形结构和“T”形结构是动线中典型的双线结构，其优点是空间扩展性好，可以在同一水平面上有不同的方向选择，设计时可以把精彩的部分设置在动线的尽端，由此拉动整个空间的客流，使之均衡流动，避免消费者走回头路（图 2.13）。

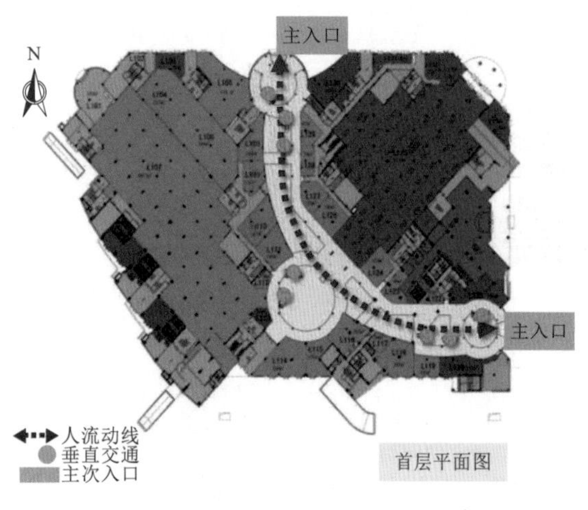

图 2.12 单线结构

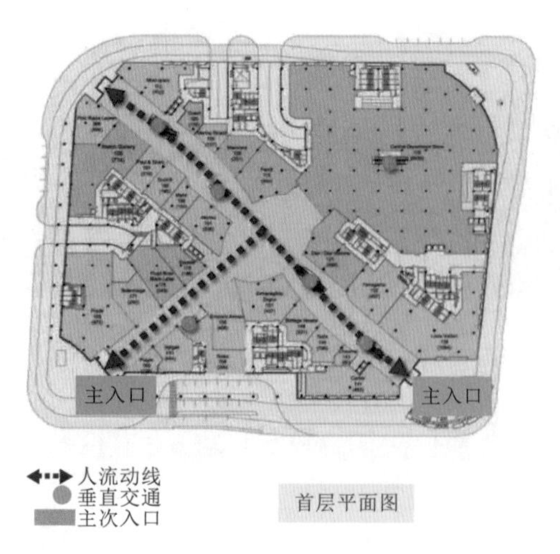

图 2.13 双线结构

3. 多线结构

多线结构的动线较为复杂，适合在面积较大的商业空间中使用，此种动线易造成“迷宫效应”，因此设计师应把具有吸引力的部分在空间中分散布置，占据角部位置，由此加强空间的可识别性和导向性。多条动线使商业空间复杂多变，能够吸引更多的流量（图 2.14）。

4. 环回流线结构

环回流结构以闭合的环形结构为主要表现方式，其中的设计要点是环形动线的设计。环形动线是通过对动线节点的设置和中庭的运用，使空间内的主要动线形成一条完整的回路，例如在大型商业空间内设置一个不规则变化的中庭，不仅可以增加空间的趣味性，引导消费者顺着回环路线有序行走，同时也避免了消费者走回头路（图 2.15）。

微课视频

商业空间中的环形动线设计

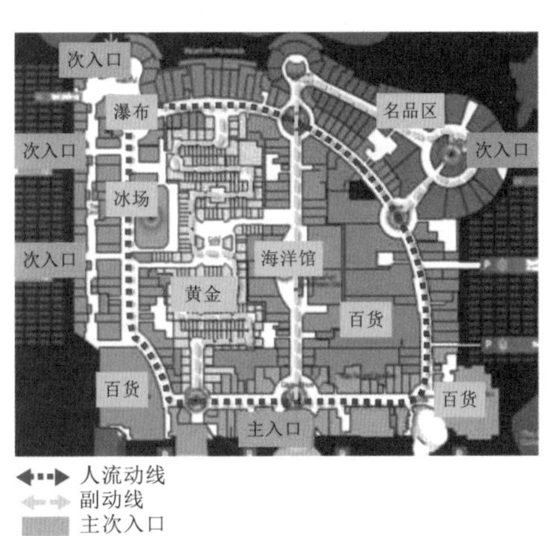

图 2.14　多线结构

首层平面图

二层平面图

人流动线
垂直交通
主次入口

图 2.15　环回流线结构

2.3.2　垂直交通动线

垂直交通动线是指与水平人流方向垂直的交通空间组织，主要通过楼梯、电梯等辅助设施构成。楼梯的主要功能是解决疏散和辅助分流。垂直交通动线的方便程度，直接影响商业空间的收益。因此，需要尽可能地在垂直方向保持交通便捷，激发消费者往高处走的兴趣，促使流量由底层向高层流动。巧妙设计垂直交通动线会为商业环境的气氛增添活力，例如观光电梯等经过装饰处理的垂直交通不仅能满足最基础的运行功能，还能满足消费者对于舒适、方便设施的需求，其本身也可作为视觉中心，为商业空间增添气氛（图 2.16）。

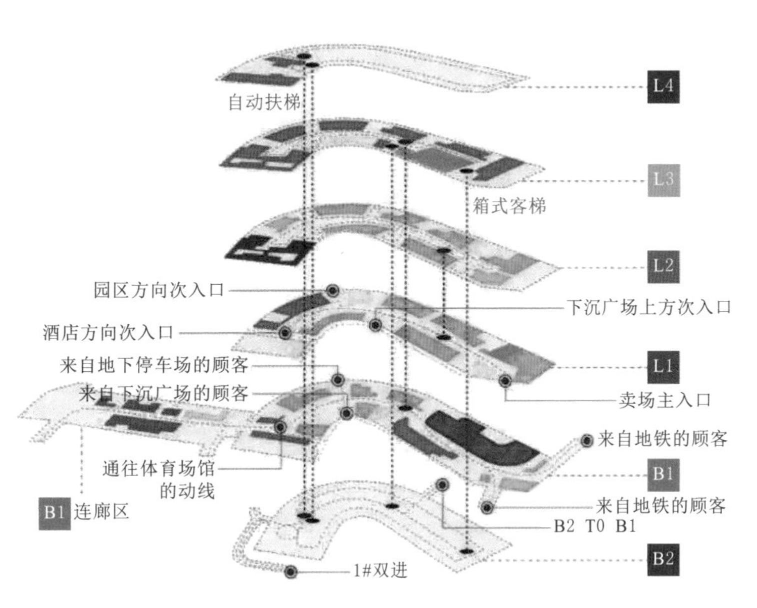

图 2.16　垂直交通动线

作为商业空间的动脉，动线将客流源源不断地引导到空间的各个角落，并连接各部分以支撑整个商业空间，设计师可以结合动线设置销售热点来激发消费者的购买行为，为空间营造活力，创造出更多的商业价值。好的动线设计可以使商业空间的客流大幅增加，适当地布置动线，可更合理地满足消费者和经营者的各种需求，是动线设计承载的使命（图 2.17）。

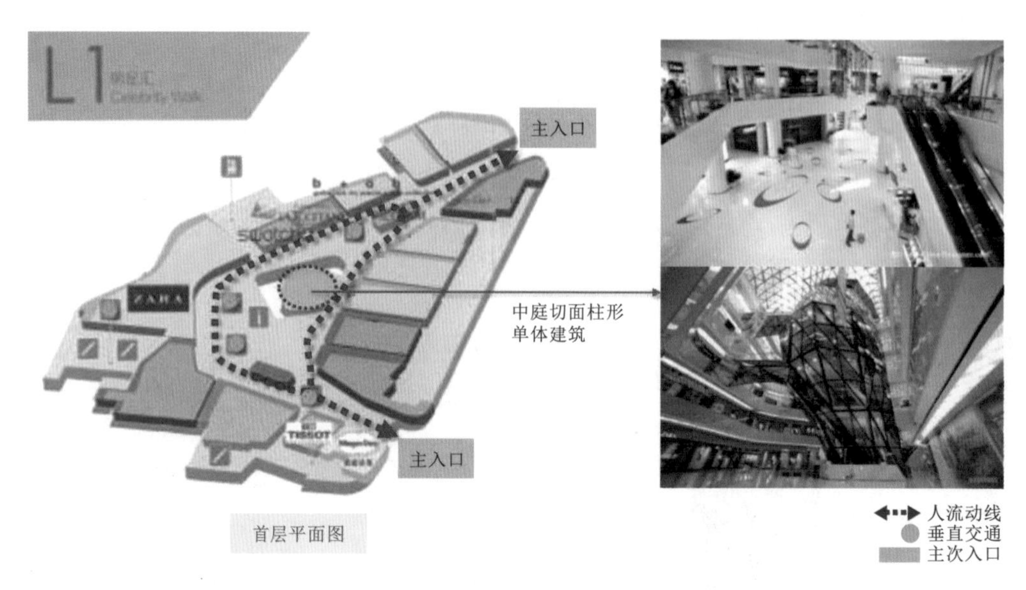

图 2.17　合理的动线设置

2.4　商业空间中动线的设计原则

2.4.1　导向明确

导向性是指有方向的指引。清晰的导向能让消费者对路线有清楚的认知，拥有舒适的购物体验，进而吸引更多的消费者。动线的空间导向性有以下作用：①确保动线的方向和秩序。动线的方向能够使顾客辨别在空间中的位置，秩序是保证方向条件，两者相互作用为消费者提供最便捷的路径。②多动线的商业空间中尤其需要分清动线之间的主次层级，由此引导消费者对空间构建整体印象，定位各个功能单元（图 2.18）。

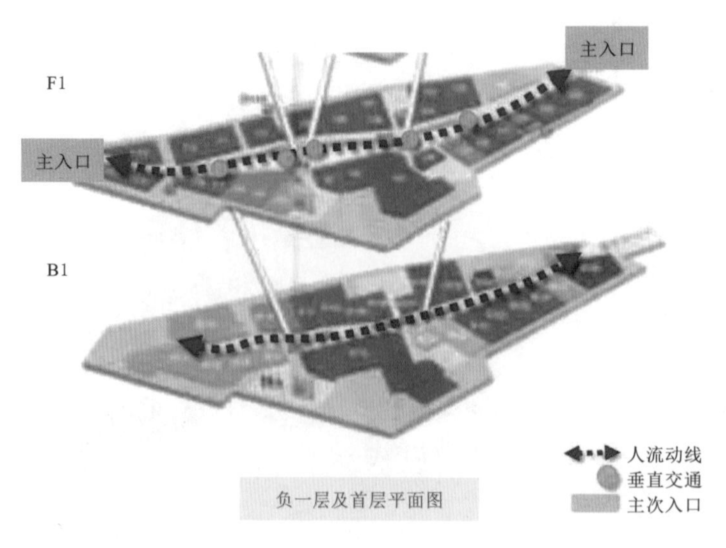

图 2.18　动线的导向性

2.4.2　意象可读

意象是指人在接触环境后，印象与感受的结合，这里不单是对客观事物的反映，还包含大脑中生成的环境组织关联模式，设计出色的动线能够帮助消费者快速形成空间意象，提高空间的可识别性，以视觉和触觉做指引，不可忽视节点、边界、路径和区域等元素的使用，由此为消费者营造出完整且颇具特色的空间意象（图 2.19）。

2.4.3　主题明确

动线起到对消费者引导的作用，使消费者按照布局有序前进，规划了消费者的视觉顺序和行为顺序。成功的动线是一条线，串联起不同的功能、环境和氛围的体验，突出设计的主题思想，在推动经济效益增长的同时，增加商业空间的趣味性和美学价值。设计师在布置动线的过程中要考虑视觉的转换和不断变化的空间感受，在平衡客流的同时起到点缀、指引和活跃空间的作用（图 2.20）。

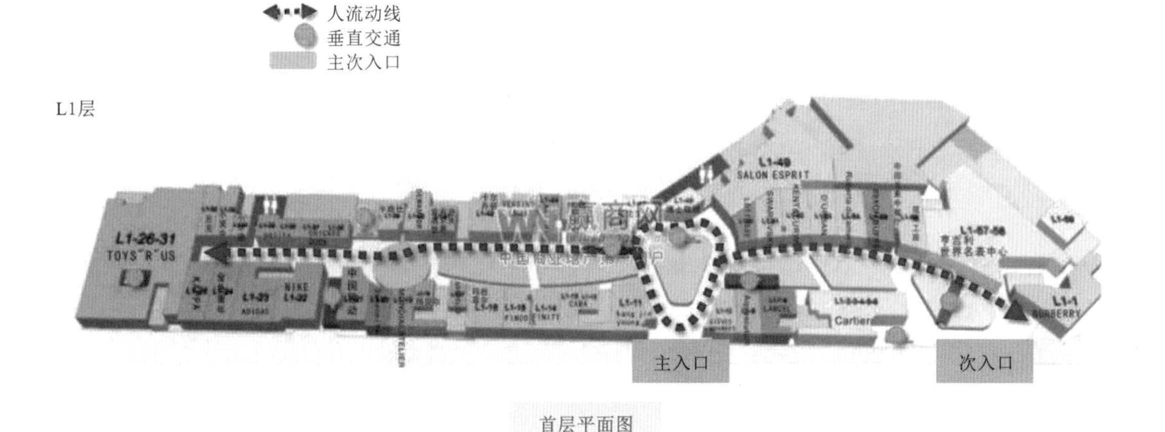

图 2.19　动线的意向

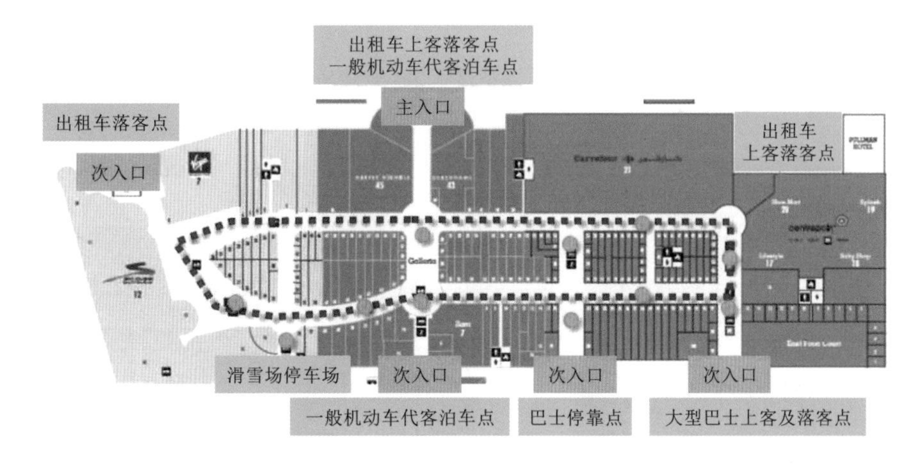

图 2.20　动线的主题

2.5 商业空间形态

2.5.1 线型空间

线型空间，即空间形态为单一方向或向两端呈线形延伸的布局方式，易形成步行街、购物廊等具有连接作用、延展性的空间。这种空间形式在户外或室内都十分常见，在接引人流、创造等价地标方面，有着其他形式无可比拟的优势，适应于基地形状受限，或对人流、特殊的周边业态等因素有着明确指引的规划案例。线形结构与垂直空间搭配能进一步完善和丰富空间布局创造出更多的购物体验，并为节日主题、活动展示和即兴表演等互动项目提供舞台，有利于创造连续的空间序列。

1. 案例分析：上海恒隆广场

上海恒隆广场除了拥有一条弧形的线形长街之外，还有一个备受瞩目处于购物街西端的矩形椭圆中庭。这个空间其实是由线形空间结合中庭空间组织创造出的复合空间形态。五层通高的中庭，强调的是整个项目的主空间，也引出主要的线形动线。引人瞩目的景观装置从玻璃顶棚圆形的饰物上垂吊下来，创造出虚中庭实景观，装点整个中庭空间，同时引导消费者进入线形主题街区。环绕中庭的回廊空间穿插布置着垂直动线的扶梯系统，成为中庭空间的一道亮丽的风景。中庭广场风格统一，通透大气，颇有海纳百川的气势，所有人都往这个方向汇集，之后又从这里发散。简洁的动线为人流增加了更多的停留空间和游憩乐趣，这样的空间组织不失为经典的方案（图 2.21、图 2.22）。

图 2.21 上海恒隆广场

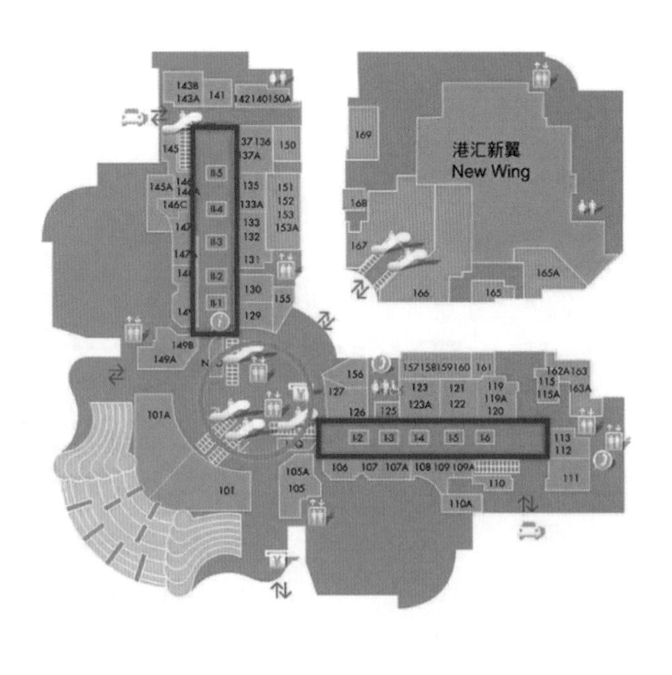

图 2.22 上海恒隆广场中庭

2. 案例分析：深圳万象城

受周边写字楼及车站入口衔接等地理条件等因素的影响，深圳万象城的结构布局成为典型的线形空间（图 2.23）。弧形与直线形的室内步行长街被环廊围合形成一个个空间。线形街区仿佛是一条明亮、宽敞的时空隧道，指引人潮蜿蜒行进。弧形街区中点与直接街区转折处分别设置了通高的圆形中庭空间，丰富了单一的线形空间结构。开敞的中庭空间成为人流的活动场所和集散地。顶部不透光的四层通高空间里，大量的灯光设施使空间环境显得明朗大气，适用于不同档次的商品展示。

图 2.23　深圳万象城

2.5.2　中庭型空间

中庭型空间是以中庭为功能空间和动线的中心，强调中庭的集散作用以及垂直方向的空间感受，有效引导消费者的视线和动向，形成通畅的效果，对于面积受限的场所可以最大限度地节省占地面积（图 2.24）。中庭空间在城市商业综合体商业空间结构中不可或缺，用地面积的限制、空间氛围的营造、垂直方向的流通以及人群的集散等都可以在中庭中完成，大大提高了空间利用率（图 2.25）。

2.5.3　垂直型空间

垂直型空间可以用于解决购物中心基地面积狭小，垂直楼层过高致使人流拥堵等问题（图 2.26）。多样的垂直交通和丰富的空间组织及场所感的营造是此空间组织类型的常用手法，能营造出比较震撼的空间效果（图 2.27）。

图 2.24　名家居世博园商业综合体中庭空间

图 2.25　韩国城　中庭（蓝光地产）

图 2.26　垂直空间设计

图 2.27　北京福州王府城购物中心（垂直型空间）

1. 案例分析：东方新天地

东方新天地位于亚洲最大的综合性商业建筑群之一的东方广场内，面积 12 万 m^2，连接着王府井商业街和东单商业街。东方新天地现已成为不少知名品牌店的首选地点，也成为白领、国内外游客购物、就餐、娱乐、休闲的理想场所。东方新天地商场包括 7 个主题购物区，各有不同的商品定位，在装饰风格上也各有特色，适合更多的消费者，另有餐饮、娱乐、休闲等多种配套设施，使东方新天地在购物的基础上具有更多的功能。从该项目可见，环形主动线能较好地适应超大型的项目平面业态规划以及可见性和可达性的要求。东方新天地的动线形式为环形，平面面积大，商铺可见性有限，主动线设计为环形，可达性高，能够方便快捷地到达几乎所有商铺。东方新天地平层面积较大，有利于设置不同主题的节点，大面积长距离的动线容易使人疲劳。平面面积大，且进深较大，设计中设置较多的主力店来化解进深和面积，业态适应性较为丰富；对于此类超大平层可以将中小面积零售商铺尽量集中规划在内环，把大型主力店规划在外环。围绕环形主动线，商铺有较好的展示空间，内环部分增加了副动线，加强了内环部分商铺的展示面积。在垂直动线方面，设置了 11 部扶梯，集中在内环部分，外环以大型主力店为主，与垂直动线的衔接稍显不够，对此还可以再增加部分扶梯，加强垂直交通的联系（图 2.28、图 2.29）。

项目基本概况	
项目名称	东方新天地
占地面积	—
总建筑面积	12 万 m^2
层数	B1–L1
单层面积	6 万 m^2
开业时间	2003 年
商业档次	中高端

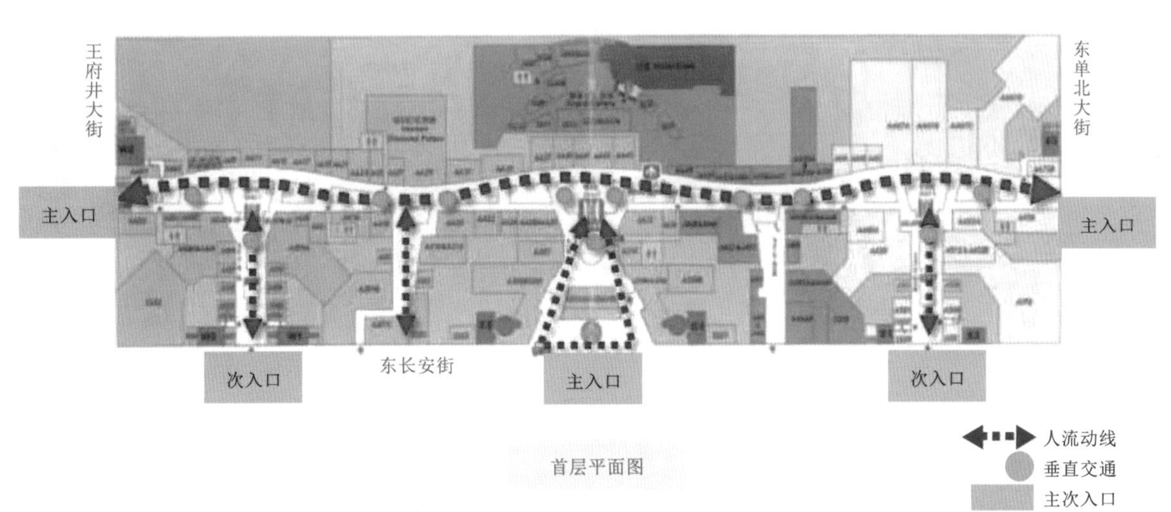

图 2.28　东方新天地（一）

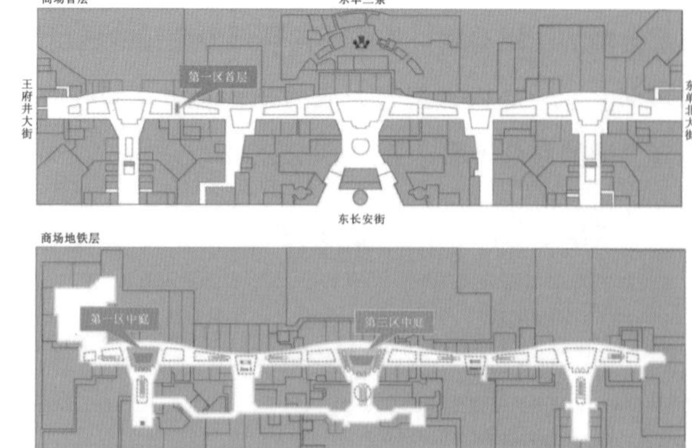

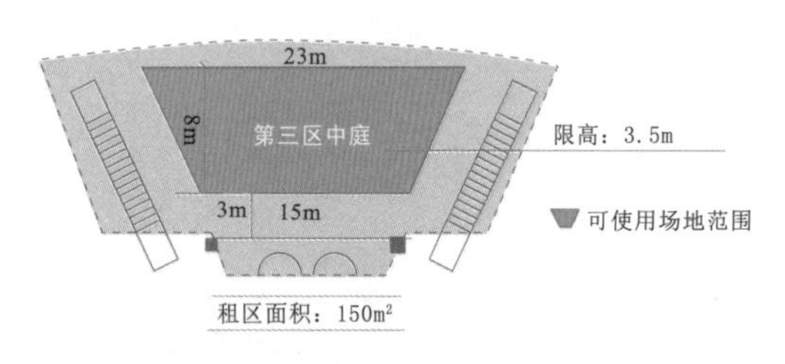

图 2.29　东方新天地（二）

2. 案例分析：深圳 KK mall

KK mall 商业建筑面积为 8.35 万 m^2，共五层，整体建筑形态完美，功能设施均达国际水准，基于深圳地标建筑、周边星级酒店和写字楼众多，消费群集中且需要差异化特色经营等特点，KK mall 定位于国际时尚精品购物中心（图 2.30、图 2.31）。KK mall 是深圳市政府积极推动的“深圳高端购物中心商圈”，未来亚洲的“时尚之都”，是中高档商业品牌聚集地，商业氛围浓厚，位置独特，交通便利，辐射范围广，为品牌商家必争之地。从该项目可见，对于单层面积在 2 万 m^2 以内的项目，一字形动线适应性较好。KK mall 的动线形式为一字形动线设计（表 2.1）。

项目基本概况	
项目名称	深圳 KK mall
占地面积	4.7 万 m^2
总建筑面积	8.3 万 m^2
层数	B1–L4
单层面积	1.6 万 m^2
开业时间	2011 年 11 月 26 日
商业档次	中高端

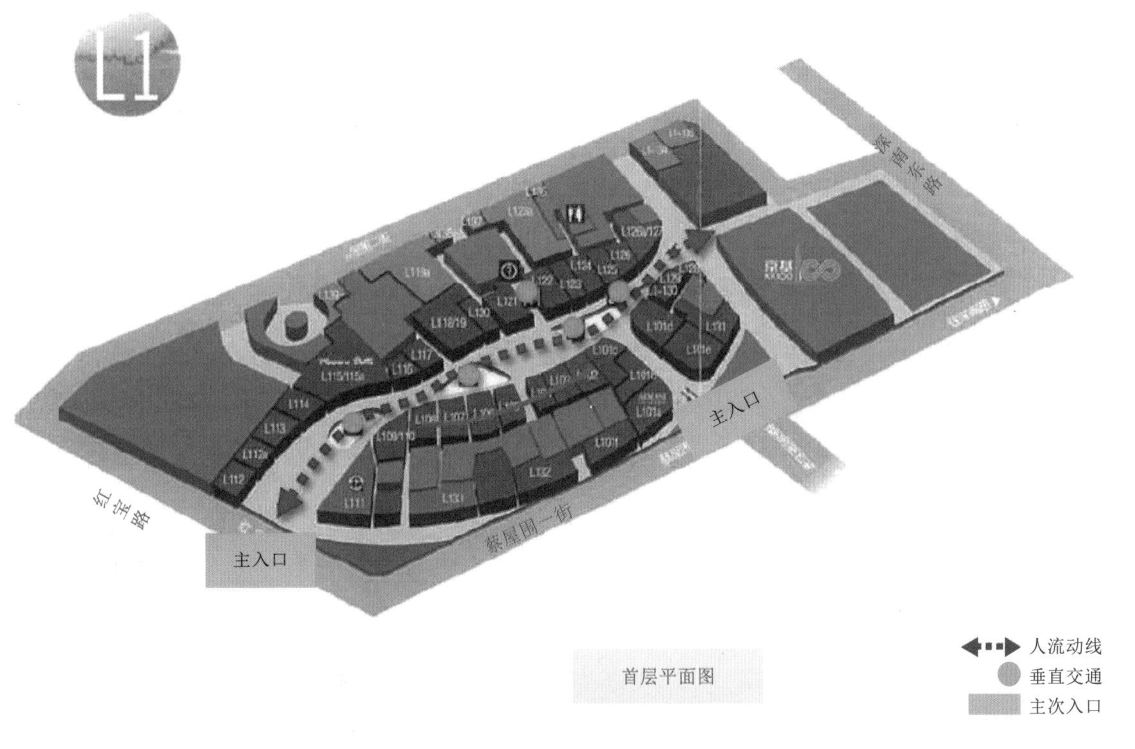

图 2.30　深圳 KK mall（一）

表 2.1　一字形动线设计要点及效果

设计要点	设 计 效 果
可见性	动线商铺可见性较强，基本无视觉死角
可达性	动线长度适宜，可达性较好
体验性	主动线为曲线设计，增加其趣味性；中庭为自由曲线造型与主动线相吻合，整体体验性较好
业态适应性	业态适应性较好，主力店与普通零售店面与动线契合性较高
商铺展示面积	主动线两侧商铺展示较好；由于受上盖物业核心筒的影响，临街商铺与内部无法连通，成为一大硬伤
与垂直动线的结合	平层设置了 8 处扶梯，满足上下联动

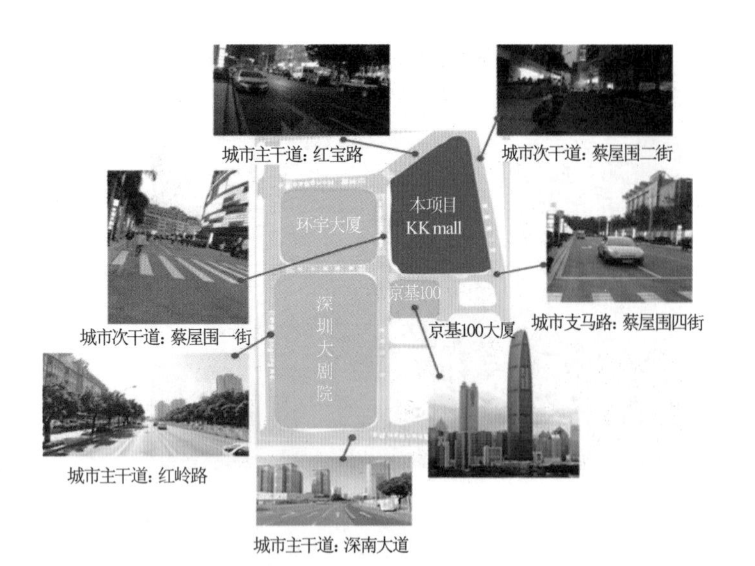

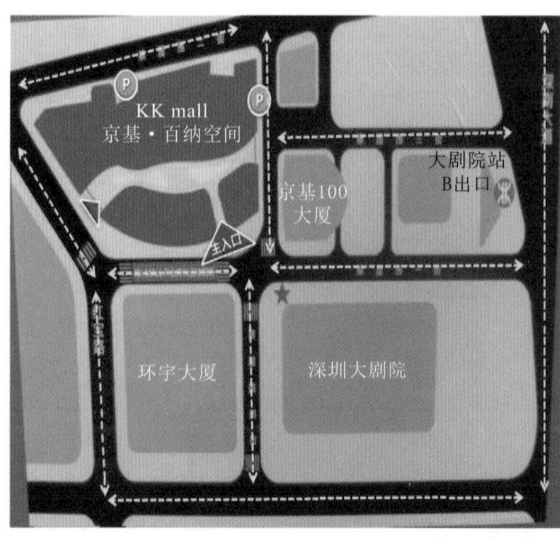

图 2.31 深圳 KK mall（二）

3. 案例分析：沈阳中街恒隆广场

中街恒隆广场位于辽宁省沈阳市的金融及商业中心，这座宏伟的购物中心坐落于国内著名的商业街，网罗近 300 个商户，包括国际和国内时尚品牌，汇聚时尚服饰、休闲娱乐、美容及化妆品和优质食府等类别。从该项目可见，对于平层面积超大的项目来说，环形主动线的选择是必然的，另外必须设置副动线，使得购物中心每个区域可达性和可见性都达到最佳效果（图 2.32、图 2.33）。沈阳恒隆广场的动线设计形式为环形与副动线相结合（表 2.2）。

项目名称	沈阳中街恒隆广场
总建筑面积	18 万 m^2
层数	B3-5F
单层面积	2.25 万 m^2
开业时间	2010 年
商业档次	中高
代表品牌	Cartier，Dunhill，Boss，CK，DKNY

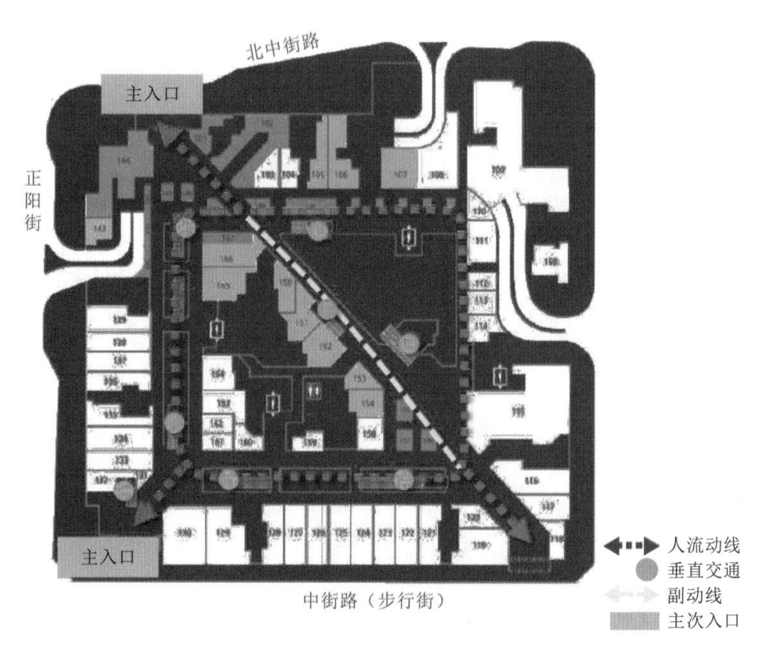

图 2.32　沈阳中街恒隆广场（一）

表 2.2　环形与副动线设计要点及效果

环形与副动线设计要点	环形与副动线设计效果	改进方式
可见性	项目平面可见性一般，内环部分阻挡了视线	中庭位置进行调整
可达性	主动线可达性较好，副动线可达性较弱	取消副动线，加强动线流畅性
体验性	项目平面空间较为零碎，体验感不够连续；东北角的中庭无法拉动较多人流	—
业态适应性	面积较为分散，不适合大型主力店	—
商铺展示面积	展示面积一般	—
与垂直动线的结合	平层设置了 8 处扶梯，基本满足上下联动	—

图 2.33 沈阳中街恒隆广场（二）

单元小结

本单元主要介绍商业空间的基本特征、形态和组成，重点介绍了商业空间中动线的类型和设计原则。从构建空间格局、辅助商业行为、引导空间认知和引导主体行为等多维视角入手，通过分析总结出最有利于商业营销的动线设计思路。在此基础上，通过理论与案例的结合，归纳出科学有效的商业空间动线设计原则以及空间组织模式。

思考题

1. 商业空间设计中有哪些动线组织方式?
2. 动线设计需要考虑哪些方面的因素?
3. 结合具体实例谈谈如何创造性地从平面方向和垂直方向进行商业空间组织?

知识单元3 商业空间的标识与导向系统设计

●**知识要点**

商业空间中标识与导向系统的概念、意义、产生、作用、目的、类型和设计原则。

●**学习目标**

了解标识与导向系统的基本概念，掌握商业空间中标识与导向系统的设计原则。

●**思政要点**

通过实际案例教学引导学生树立工匠精神，扎根专业，勇于突破。

●**企业要求**

熟练掌握标识与导向系统的设计思路以及在商业空间场景中的应用。

3.1 标识与导向系统的概念

“标”，即展示、指示、指明；“识”，即认得、识别、辨别。“标识”即指带有明显特征的有意义的记号，把记号设计成文字或图形，以传递信息（图 3.1）。“导”，即指引、带领；“向”，即方向、趋向，“导向”也可称为“导视”，即引导视觉的方向（图 3.2）。“标识与导向”，即指运用图形、文字在空间和信息环境中进行系统设计，具有解决信息传递、识别和形象传递的功能，让来访者快速获得信息，简而言之，即根据需求和行动对空间信息进行具象表达（图 3.3）。

图 3.1 卫生间标识

图 3.2 街区引导标识

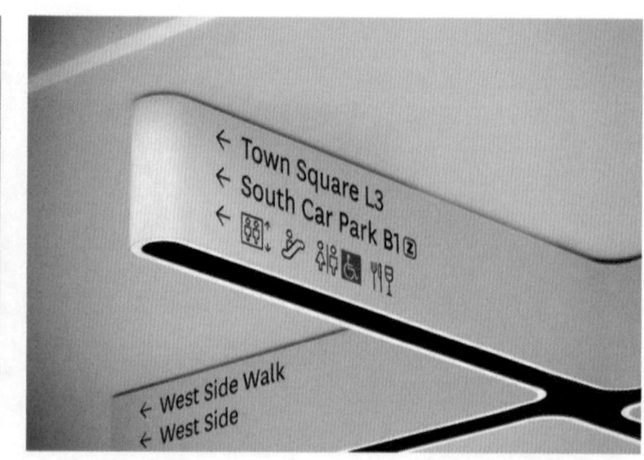

图 3.3 商场方位标识

3.2 标识与导向系统的意义

3.2.1 标识的意义

标识作为通用的名片，跨越语言和文化的障碍，可直观、快速、准确地传递信息，有效传递商品和企业的文化与历史，使商业环境更加有序，为出行、购物、生活提供可靠的保障（图 3.4）。商业空间所使用的标识是以图形、色彩、文字、字母单独或组合构成，表示所在区域或设施的用途及方位，指引行为或提供信息的标识，通过简洁、明了、准确的信息输出，提高商业活动的效率（图 3.5）。商业空间作为标识的载体，随着商品的多样化，将使标识设计得更加丰富有效，可更好地体现出商业空间的文化特色（图 3.6）。

图 3.4 商场功能标识

图 3.5 盥洗区标识

图 3.6 走道标识

3.2.2 导向系统的意义

商业空间功能多样、空间构成复杂，如何使消费者在陌生的环境中快速找到目标方向，是标识与导向系统需解决的问题。根据国家标准《公共信息导向系统要素的设计原则与要求　第 1 部分：图形标志及相关要素》（GB/T 20501.1—2006），公共信息导向系统是引导人们在公共场所活动的信息系统。导向设计的实质就是归纳、整合及组织所在空间环境中相关联的信息。按照该标准规定，导向系统全称应为公共信息导向系统，是引导人们在公共场所活动的信息系统，包括场所地点信息、服务功能信息、行为提示信息等。

导向设计的实质就是归纳、整合及组织所在空间环境中相关联的信息，引导人们快速到达特定的目的地。融合了企业文化理念等创意元素的商业空间标识与导向系统设计突出了企业的形象，向消费者清晰准确地描述商业空间的功能和分布，实实在在地将购物变成享受（图 3.7）。在人流高度密集的商业

图 3.7 商场方位标识

微课视频

商业空间导视系统设计

场所中，系统的标识与导向系统设计一方面能保障消费者购物的有序性，另一方面能保证商场运行的安全性。此外，设计一套完善的标识与导向系统还可以增强商业空间的形象，营造出一种客户至上的氛围（图 3.8）。

图 3.8　商场楼层标识

3.3　标识与导向系统的产生

3.3.1　标识的产生

在语言和文字产生之前，信息的传达方式主要通过符号和图形。从结绳记事到甲骨文记载了符号的产生、运用、变化和发展，奠定了符号图形设计的基础（图 3.9）。随着人类文明的演变，标志作为表明事物特征的记号以单纯、易识别、具有象征性的特点被广泛使用，其中具有提示、警告作用的符号标识就是现在标识导向符号的雏形。

图 3.9　甲骨文

3.3.2　导向系统的产生

随着现代标识导向设计的产生和发展，这类有指示性、标示性的符号图形作为导向信息的载体和传播媒介，体现在了现代城市的公共环境设施的建设之中。视觉设计的不断发展，使得具有导向功能的环境视觉标识导向形成，并逐渐开始占据主导地位，被人们所关注（图 3.10）。

图 3.10　城市道路标识

3.4　标识与导向系统的作用

标识与导向系统语言创造出见证、阅读和体验空间的公共的表达方式（图 3.11）。系统里的标识为特定的功能服务，显示信息的特殊内容，揭示出空间的路径和目的地、制定如何使用它的规则和关于空间内部情况的重要信息（图 3.12）。标识与导向系统设计要求通过运用简洁的图形、符号表达准确含义，可跨越国界，克服语言等障碍，瞬间被识别，从材质、外观、位置以及艺术表现形式等方面着手，将图形符号完美融入到环境中（图 3.13）。标识与导向系统是环境信息传播的重要媒介，在满足环境功能基础的同时，对特定的标识进行科学的、系统的、整体的和多元化的设计（图 3.14）。

图 3.11　考古中心室内标识

图 3.12　语言学校地面引导标识

图 3.13　图书馆楼层标识

图 3.14　商场内部导视标识

3.5　标识与导向系统的目的

营造方便快捷的出行环境，使人们在不熟悉的或者内部结构复杂的空间中，能够行动自如，迅速准确地找到所在方位，标识与导向是通俗易懂的视觉语言，是引导人们在陌生空间中行动而设置的视觉导向系统，是公共服务的信息引导者，通过空间中的导向信息准确、快速、安全地到达目的地（图 3.15）。

商业空间环境复杂而多元，能够帮助人们与环境顺利沟通的标识与导向系统显得尤为重要。通过“标”—“识”—“导向”这个过程顺利地实现与环境的沟通和对话，使环境真正以人为本（图 3.16）。标识与导向系统不再是主体环境的补充，而是不可或缺的重要组成部分。标识与导向系统成为人与环境之间的交流媒介，环境的文化氛围和形象都能够通过标识与导向系统塑造，促进商业空间经济和文化的可持续发展（图 3.17）。

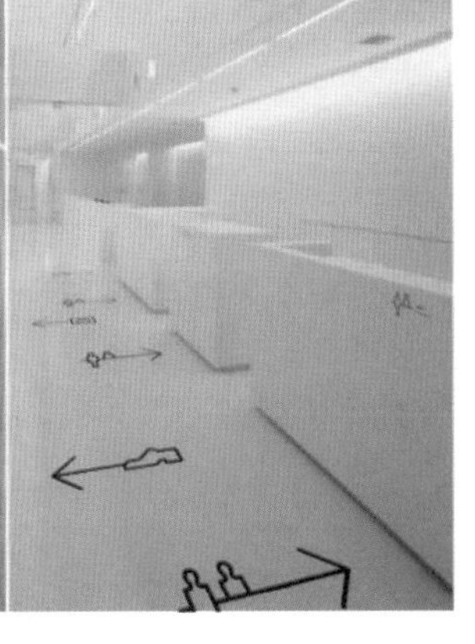

图 3.15　商场内部指示标识

图 3.16　公共空间指示标识

图 3.17　公共空间镂空标识

3.6　标识与导向系统的类型

标识与导向系统根据不同的引导区域，可以分为户外标识导向和室内标识导向两类。户外标识导向系统主要包括交通标识、场所形象标识、设施导向标识、户外运动标识等。室内标识导向系统是从户外进入室内，主要的导向系统都在室内设置，较为复杂。室内标识导向根据不同的引导级别可以分为四个级别。

3.6.1　一级引导

一级引导包括户外环境平面标识和公共设施区域标识，如标示方向、方位的标识牌、建筑分布的总平面标识牌、道路指引标识牌等（图 3.18）。

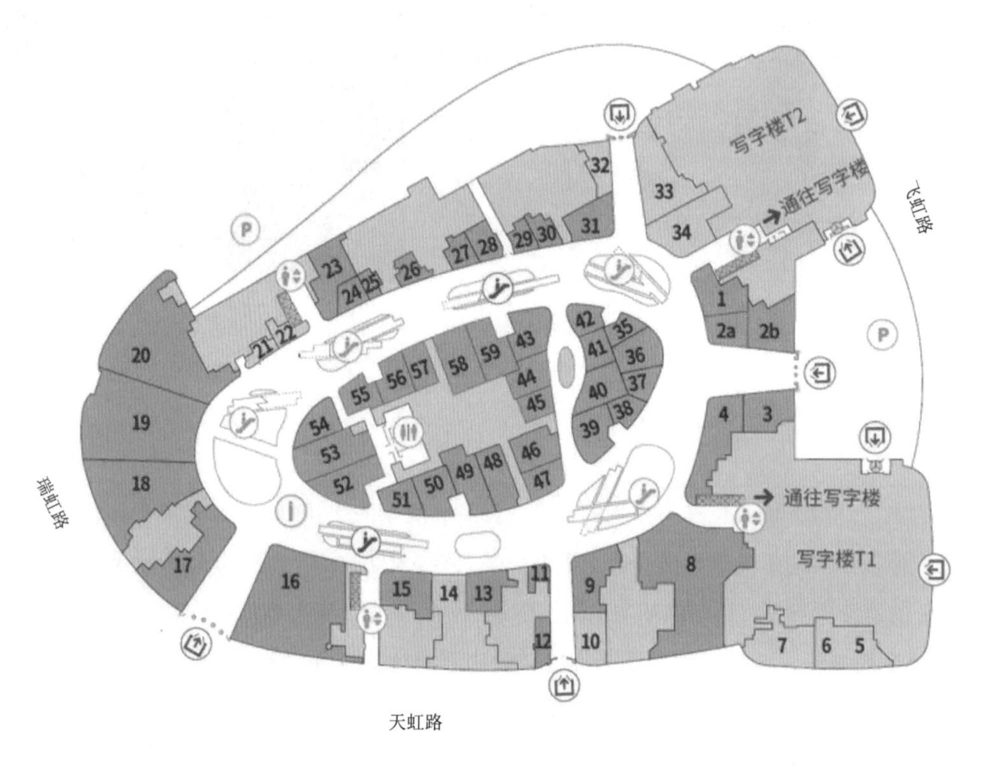

图 3.18　商场内部空间方位标识

3.6.2　二级引导

二级引导包括楼层总平面标识、总索引平面，如楼层的总索引、出入口的指示牌等（图 3.19）。

3.6.3　三级引导

三级引导包括各楼层主要通道、功能区的方位引导平面图，如每个通道的分流牌、集体单位的方向引导牌等（图 3.20）。

3.6.4　四级引导

四级引导即终极引导，包括单元功能区域具体标识，如消防紧急疏散等（图 3.21）。

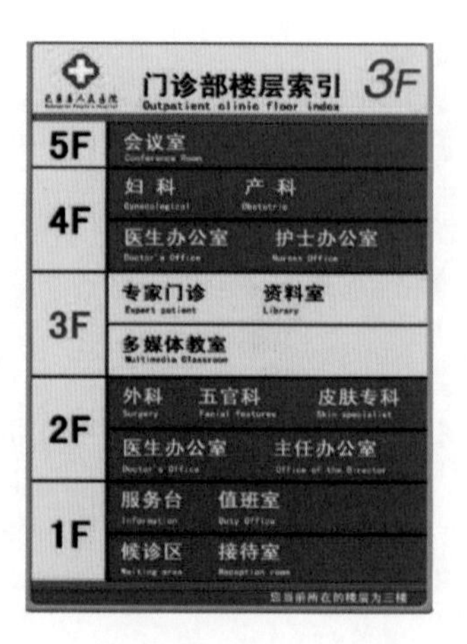

图 3.19　医院楼层索引

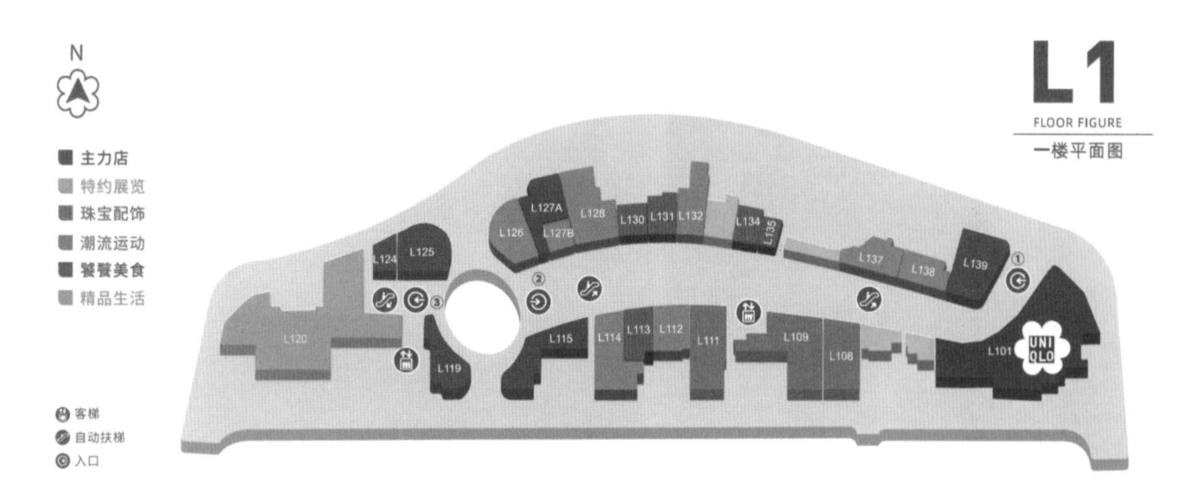

图 3.20　商场楼层功能分区图

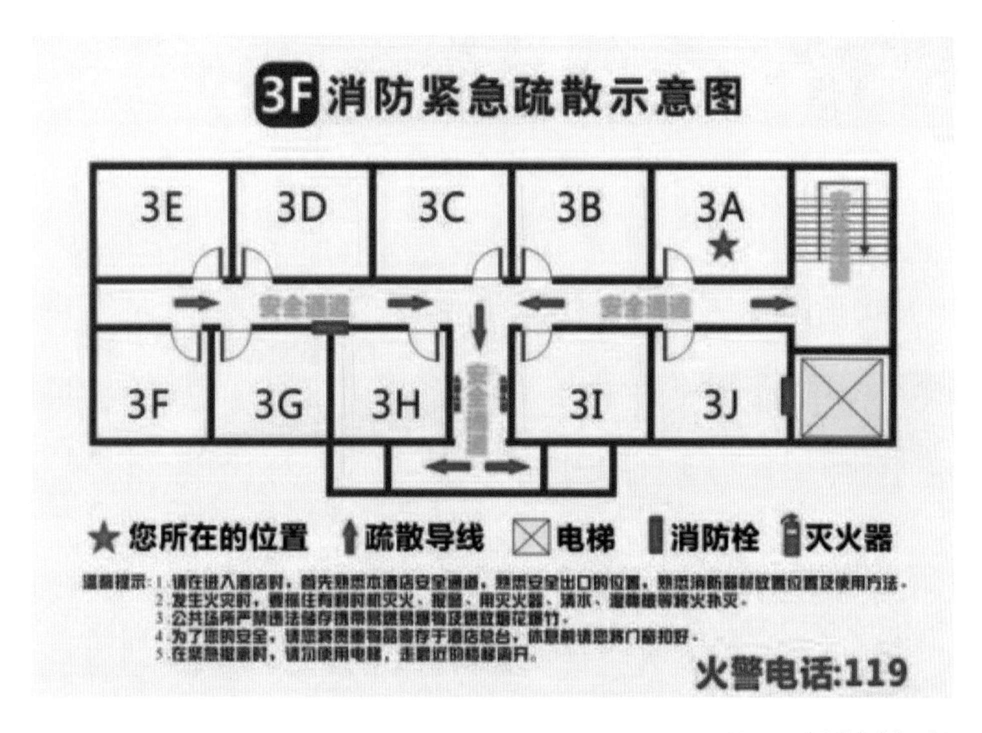

图 3.21　消防紧急疏散示意图

3.7　标识与导向系统的设计原则

标识与导向系统设计必须以人的行为模式为基础，才能更好地发挥组织和引导作用。人的活动分为三类：①必要活动，是指在各种条件下都会发生的活动；②自发活动，是指在意识的支配下所发生的一切活动；③商业活动，是指被动的接触，仅以视听来感受他人的活动。通过分析这三类活动的特性，归纳出商业空间标识导向的几点设计原则。

3.7.1　独特性原则

标识系统具有的独特性原则，能加深人的记忆与理解（图 3.22、图 3.23）。

图 3.22 楼梯引导标识

图 3.23 走道引导标识

3.7.2 可达性原则

标识系统的可达性表示选择的灵活性和便捷程度（图 3.24、图 3.25）。

图 3.24 楼梯引导标识

图 3.25 走廊引导标识

3.7.3　易解性原则

在一定的距离范围内可以清楚地看到标识系统传达的内容，标识系统具有鲜明的形象和简明的表达，让各类人群能够很快识别其含义，易于理解（图 3.26、图 3.27）。

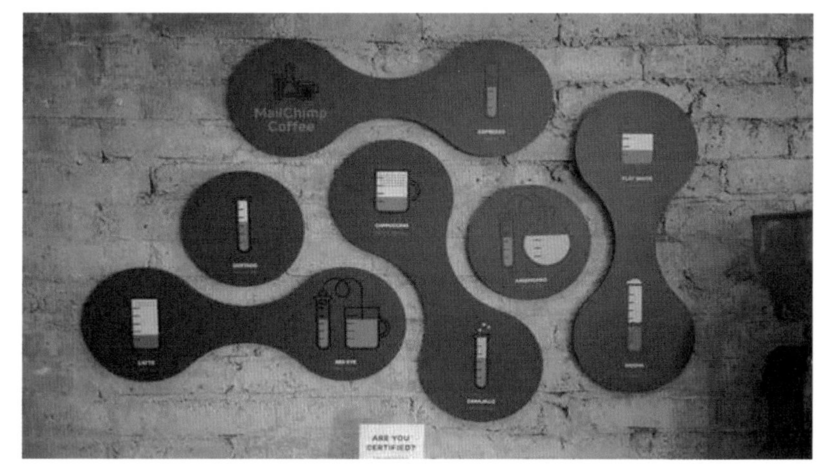

图 3.26　墙面趣味标识

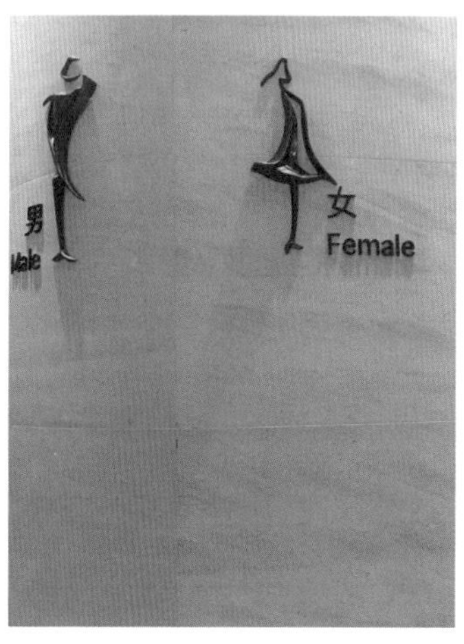

图 3.27　卫生间引导标识

3.7.4　诱发性原则

在商业空间中通过对标识的巧妙设计可以诱发某些商业活动，满足人们潜在的活动需求（图 3.28、图 3.29）。

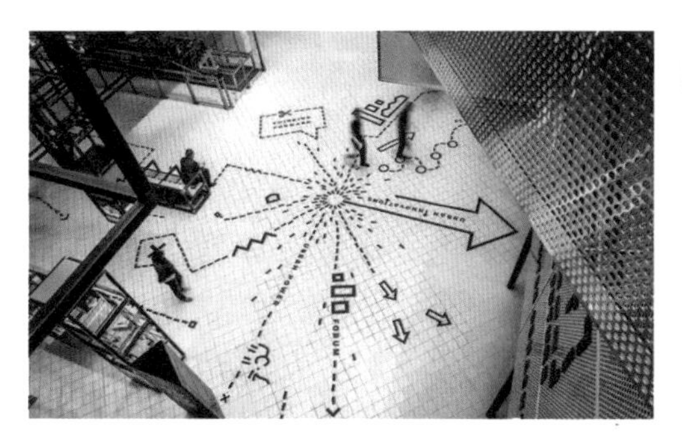

图 3.28　地面引导标识

图 3.29　楼梯间引导标识

单元小结

本单元主要介绍商业空间中标识与导向系统的概念、意义、产生、作用、目的、类型，以及商业空间中标识与导向系统的设计原则。

思考题

1. 商业空间中标识与导向设计要考虑哪些因素?
2. 灵活运用标识与导向系统的设计方法，结合具体场景，设计一套标识与导向系统。
3. 如何将标识设计与企业文化和商品特征有效结合?

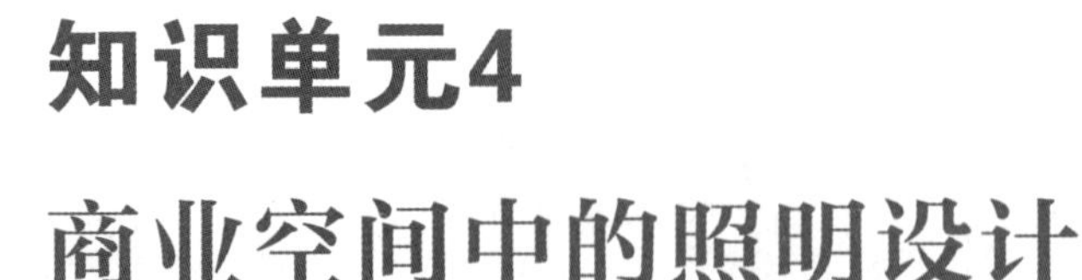

知识单元4 商业空间中的照明设计

●**知识要点**

光与照明的概念，照明的分类和形式，灯具的种类和布置，照明设计的原则。

●**学习目标**

了解照明的基本概念和灯具的分类，掌握商业空间中照明设计的原则。

●**思政要点**

坚持用习近平新时代中国特色社会主义思想铸魂育人，紧密结合我国经济社会发展的现实需要，以政治认同、家国情怀、使命担当、职业道德、行为规范、守法尽责与集体主义教育以及国家方针政策的理解与执行等为重点，拓展学生视野，引导学生立德成人、立志成才。

●**企业要求**

熟练掌握照明设计的思路和方法，并灵活运用照明设计表现商业空间的主题、营造商业氛围。

4.1 关于光

“光”字始见于商代甲骨文，古文字的光上部有火，火能带来光明（图 4.1）。“光”的本义是明亮，从中引申出光线、亮光的含义。光能够改变“形”与“色”，带来不同的感知。灯光设计的首要功能是表现物形体、颜色、肌理、材质。《列子・天瑞》有云：“有形者，有形形者，有色者，有色色者”，意思是：有形体的事物，有使有形之物表现出形体的事物；有有颜色的事物，有使有色之物表现出颜色的事物。

图 4.1 “光”的甲骨文

4.2 关于照明

随着科学技术的进步，照明光源在不断更新。照明灯具从最早的高发热、低功用的白炽灯发展为日光灯，再到现代的发光二极管（LED）（图 4.2）技术，经历了曲折的过程。照明科学技术的创新发展推动了新型光源的产生，LED、有机发光二极管具有环保、使用寿命长、光电效率高等优点。LED 照明可以勾勒灯光投射语言，模拟色光。在商场消防疏散处，高亮度的 LED 照明灯带与异形曲面的装饰面层的融合设计使通道更加醒目。在品牌专卖店中 LED 被用来制作线条灯具，排布于建筑上层吊顶的凹槽处，用于间接照明，烘托空间氛围。

新型照明技术具有光通量损耗小、维保费用低、应用范围广泛等优势，成为在商业空间中必不可少的设计表达手段。灯光与装饰造型语言的结合创造出全新的空间照明形式，通过合理的灯光设计能够更好地引导消费、强化产品特性，丰富和完善了商业空间照明设计的方式，使空间结构更加清晰，氛围更加浓厚，更注重效率、节能、高效、高照度等方面的提升。

图 4.2　发光二极管

微课视频

商业空间照明设计

4.3　照明的作用

灯光是商业空间的重要元素，舒适的灯光环境能营造良好的消费氛围（图 4.3）。照明不仅可创造出多彩的空间环境，也可显示出空间的特点。环境照明设计的任务，在于借助光的性质和特点，使用不同的方式，满足商业空间所需的照明功能，有意识地创造环境气氛和意境，增加环境的艺术性，使环境更符合人们的心理和生理需求。商业空间设计照明处理的好坏，直接影响商业空间设计的效果，所以对采光和照明应予以充分的重视。现代设计中也逐步将灯光设计作为专门的学科进行研究，并出现了专业的灯光设计师，配合空间设计师共同完成设计方案。

图 4.3　商业空间中的灯光表现

4.4 照明的分类

4.4.1 自然采光

自然采光是以太阳为光源形成的光环境，灵活运用自然采光可以创造出光影交织、似透非透、虚实对比、投影变化的环境效果（图 4.4）。然而，自然光线的移动变化常影响物体的视觉效果，难以维持恒常的光照质量标准，因此，在设计中很少完全以自然光为主要依据来考虑商业空间的照明视觉效果，必须和人工光搭配使用。

4.4.2 人工照明

商业空间照明中使用较多的是人工照明（图 4.5），巧妙、有效地综合利用人工照明，结合艺术表现手法，能够有效地构筑空间的视觉效果，创造特有的环境气氛，渲染层次、改善比例、限定路线、明确向导、强调中心。现代商业空间照明设计要采用合理的照明标准，使用节能的照明设备，采取科学与艺术融为一体的先进设计方法，进行整体性的照明设计。

图 4.4 自然采光

图 4.5 人工照明

4.5 照明的方式

4.5.1 直接照明

灯具射出的光线中 90% 以上的光通量达到假定工作面上的照明形式称为直接照明。直接照明可使光大部分作用于作业面上。直接照明的优点是光的利用率较高，起到吸引注意力的作用。直接照明的缺点是易产生眩光，受光区与非受光区亮度对比过于强烈。

4.5.2　间接照明

通过反射光进行照明的形式称为间接照明，例如天花灯槽将光线射向顶棚，再从天花反射到工作面上。间接照明的优点是光线柔和，无眩光。间接照明的缺点是光能消耗大，照度低，通常需要与其他照明方式配合使用。

4.5.3　半直接照明

灯具发射光通量的 60% ～ 90% 直接投射到工作面上的照明形式称为半直接照明。半直接照明的特点是保证工作面照度，同时非工作面也能得到适当的光照，使室内空间光线柔和、明暗对比不太强烈，并能扩大空间感。

4.5.4　半间接照明

灯具发射光通量的 10% ～ 40% 直接投射到工作面上的照明形式称为半间接照明。半间接照明的优点是大部分光线照射到天花或墙的上部，天花明亮均匀，没有明显的阴影，没有强烈的明暗对比，光线稳定柔和，能产生较高的空间感。半间接照明的缺点是反射过程中光通量损失较大。

4.5.5　扩散照明

扩散照明是指入射光线并非主要来自单一特别方向的照明方式。扩散照明能使光通量均匀地向四面八方漫射，光线柔和，无眩光，适宜于各类商业空间场所。商业空间常采用吊灯、吸顶灯等照明器具泛照整个空间，以烘托整体空间氛围，并通过造型灯具装饰点缀空间效果（图 4.6）。

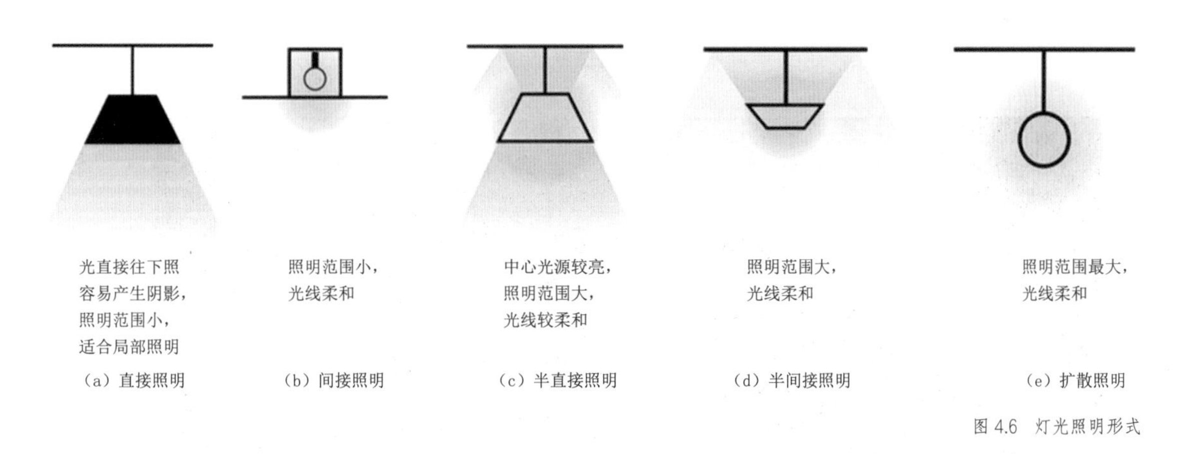

图 4.6　灯光照明形式

4.6　照明设计的基本原则

4.6.1　合理性原则

照明设计要考虑节能，选取合理的照度标准值，正确选用照度标准的高、中、低三档照度值；要选用合适的照明方式，照度要求高的场所采用混合照明方式，适当采用分区的一般照明方式（图 4.7）。

4.6.2　功能性原则

照明设计要符合功能性照明的要求，根据不同的场合和要求选择不同的照明方式和 LED 亮化照明灯具，并确保恰当的照度与亮度（图 4.8）。

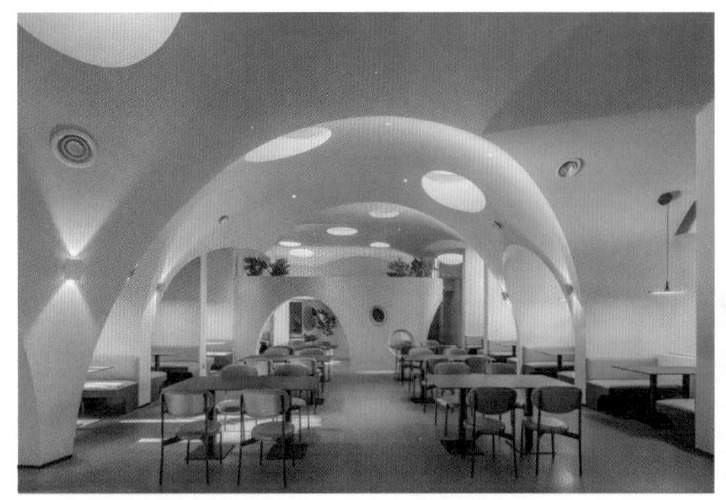

图 4.7　照明设计的合理性

图 4.8　照明设计的功能性

4.6.3　安全性原则

照明设计要求参照《建筑照明设计标准》（GB 50034—2013），确保方案内的照明设计达到规范要求的标准（图 4.9）。

4.6.4　经济性原则

灯光照明要科学、合理地进行整体设计。照明设计的根本目的是为了满足人们视觉和审美的需要，使照明空间最大限度地体现实用性和美学价值，达到功能和审美的高度统一（图 4.10）。

图 4.9　照明设计的安全性

图 4.10　照明设计的经济性

4.6.5　整体性原则

照明设计首先应该满足使用要求，然后根据项目的特点从整体上考虑光源、光质、投射方向和角度等，使室内的使用性质、活动特征、空间造型、色彩陈设等统一协调，以取得好的整体效果（图 4.11）。

4.6.6　舒适性原则

通过照明设计打造高质量的室内照明空间，增加使用人群的舒适感，确保室内有合适的照度，以利于活动的开展；以和谐、稳定、柔和的光质给人以轻松感，创造出生动的情调和气氛，使人产生心理上的愉悦（图 4.12）。

图 4.11　照明设计的整体性

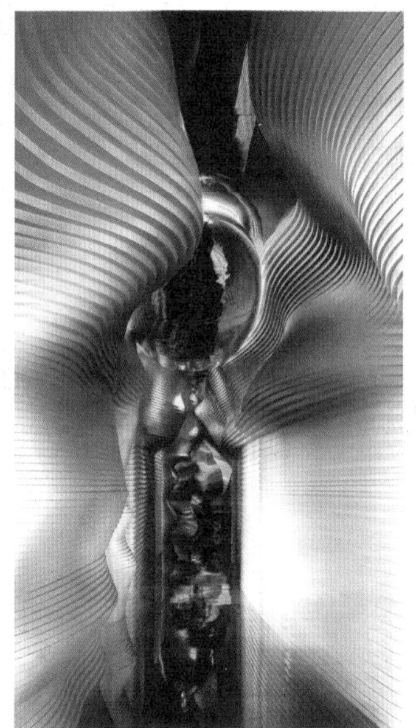

图 4.12　照明设计的舒适性

4.7　照明设计的步骤

照明设计是一个循序渐进的设计过程，需要综合考虑场地的基本条件、灯具的种类与使用方式等多个方面，具体步骤如下：

（1）查看项目资料，了解基本情况。具体包括道路的几何特征、路面材料及反光情况、周围环境及绿化、供电、线路敷设及控制方式等。

（2）确定照明灯具的布置形式。

（3）确定灯具的安装高度、间距、悬挑和仰角。

（4）确定光源的类别和规格。

（5）确定灯具的类型和规格。

（6）确定灯杆、灯台及其他照明器材的类型和规格。

4.8 照明设计的目的

4.8.1 提升环境空间品质

照明设计通过调整灯光秩序、节奏等方法，来增强空间的引导性，通过运用人工光的扬抑、虚实、动静、隐现等，达到改善空间比例、增加空间层次感、提升空间品质的目的（图 4.13）。

4.8.2 装饰环境

装饰环境是将灯光与室内物品相结合，起到装饰空间的作用，可以将光线投射到顶棚和墙面等材料上，光影、材质纹理和肌理形成别具一格的装饰效果（图 4.14）。

图 4.13 提升环境空间品质

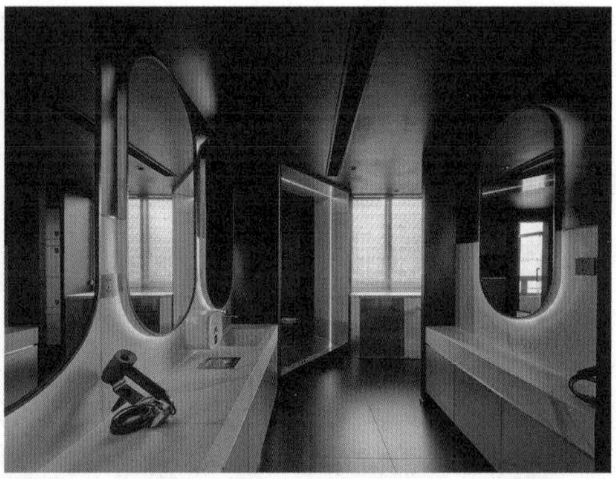

图 4.14 装饰环境

4.8.3 渲染环境空间气氛

冷色能表现清爽、宁静、高雅的格调，暖色可以烘托温馨、怡人的氛围，可通过灯光设计，将冷色光与暖色光结合，营造冷暖对比变化多样的环境（图 4.15）。

4.8.4 增强环境空间感

照明设计可以增强环境的空间感。空间的不同效果可以通过光的作用充分表现出来，例如亮的房间感觉要大一点，暗的房间感觉要小一点，对于狭长的空间来说，暗藏灯带是较为合适的照明灯具，墙面上方的灯带使得整个空间更为明亮，增强了空间的宽阔感（图 4.16）。

图 4.15 渲染环境空间气氛

图 4.16 增强环境空间感

4.8.5　增强空间的立体感

适当的使用反射式照明能够较好地增强空间的立体感，这种照明方式以灯具照射顶棚为主，同时也将视线引导到吊顶的方向，强调空间朝上方延伸的感觉（图 4.17）。

图 4.17　增强空间的立体感

4.9　灯具的种类

4.9.1　不固定灯具

不固定的可移动灯具可以根据需要调整位置，如落地灯、台灯等，常用于酒吧的待客区及休息区（图 4.18）。

4.9.2　墙面灯具

墙面灯具包括壁灯、窗灯、檐灯、穹灯等，散光方式为间接或漫射照明，发出的光线比顶面类灯具更为柔和，局部照明给人以恬静、清新的感觉，易于表现特殊的艺术效果（图 4.19）。

4.9.3　吸顶灯具

吸顶灯具包括吸顶灯、扫描灯、凹隐灯、吊灯、柔光灯、镶嵌灯及发光天花板等。不同的吸顶灯具与平顶镜面相结合，能够营造出活跃轻盈或者神秘梦幻的效果（图 4.20）。

图 4.18　不固定灯具

图 4.19　墙面灯具

图 4.20　吸顶灯具

4.10　灯具的布置形式

从灯具的布置形式和功用来看，可分为以下几种。

4.10.1　整体照明

整体照明也称为普通照明或一般照明。这种照明方式会使整个空间的照明比较平均，没有明显的阴影，光线较均匀，空间明亮，不突出重点，通常采用漫射照明或间接照明，易于保持商业空间的整体性。其不足是耗电量大，不适宜在能源紧张的条件下运用（图 4.21）。

图 4.21　整体照明

4.10.2　局部照明

局部照明是为了满足某些空间区域或部位的特殊需要而设置的照明方式。整体照明是整个商业空间的基础照明，而局部照明则具有明确的目的性。灯光在商业空间中的目的在于对空间造型的强调和突出，局部照明的作用往往是以小见大，突出重点，打造光影效果（图 4.22）。

图 4.22　局部照明

4.10.3　重点照明

重点照明是为了强调特定的目标和空间而采用的高亮度的定向照明方式。重点照明在商业空间照明设计中是常用的照明方式，可以按需要突出某一主体或局部，并按需要对光源的色彩、强弱、照射面积的大小等进行合理设置（图 4.23）。

4.10.4　装饰照明

装饰照明是一种以色光营造出带有装饰气氛或戏剧效果的照明方式，用灯光作为主要的装饰手段，增强空间的层次和变化，可使商业空间环境更具艺术氛围（图 4.24）。

图 4.23　重点照明

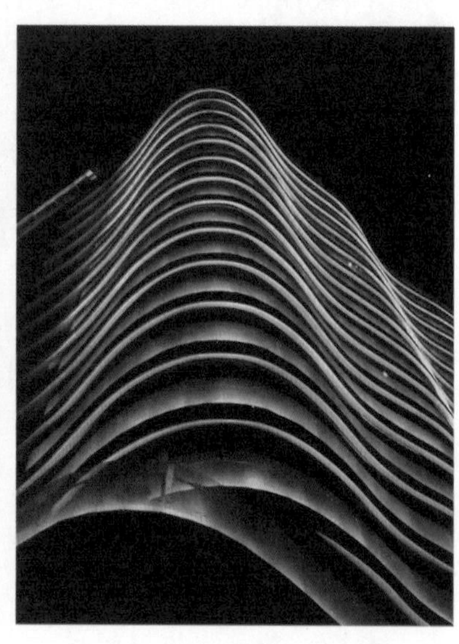

图 4.24　装饰照明

4.11　灯光的表现方式

4.11.1　点光

点光是指以点辐射，采用聚光形式的灯光，如聚光射灯在空间中形成点光的表现形式（图 4.25）。

4.11.2　带光

带光的主要表现方式为光带，如日光灯管、LED 灯带所呈现的表现形式（图 4.26）。

图 4.25　点光

图 4.26　带光

4.11.3　面光

面光是指以发光面的形式投照，如软膜天花所呈现的灯光形式比较均匀、形成面光的表现形式（图 4.27）。

4.11.4　其他

其他灯光的表现方式分为静止与流动两种，如追光灯、霓虹灯、激光等灯光呈现出的表现形式（图 4.28）。

图 4.27　面光

图 4.28　商业空间中的其他灯光表现

4.12 商品展示区照明设计的方式

4.12.1 提高陈列区灯光亮度

商品陈列区域的照度必须比消费者所在区域的亮度高，达到以此突出商品的效果（图 4.29）。

4.12.2 调整灯具角度

光源尽量不裸露，灯具的保护角要合适，避免出现眩光。

图 4.29 商品展示区灯光设计（一）

4.12.3 照度适宜

照度不宜过大或过小，要确保消费者能够正确地识别商品的展示效果。

4.12.4 调整光色

人眼是通过接收物体反射的光而感知颜色的，物体在不同的光源下会呈现出不同的色彩。在标准日光下，人们感知到的颜色是最接近真实状态的；在白炽灯下，绿色看起来仿佛注入了高剂量的黄色；而在荧光灯下，绿色看起来更偏蓝，倾向于蓝绿色。因此，要根据商品的不同特点，选择不同的光源和光色，避免歪曲所展示商品的固有色（图 4.30）。

图 4.30 商品展示区灯光设计（二）

4.12.5　控制紫外线

如有贵重或者易损坏的商品，必须防止光源中紫外线对商品的破坏（图 4.31）。

4.12.6　考虑安全因素

照明设计中必须考虑到防火、防爆、防触电和通风散热（图 4.32）。

图 4.31　商品展示区灯光设计（三）

图 4.32　商品展示区灯光设计（四）

单元小结

本单元从光的概念入手，讲述了照明的分类和形式、灯具的布置等基本知识，重点掌握商业空间中照明设计的基本原则以及在商品展示区这一特殊位置照明布置的基本方法。

思考题

1. 相比于居住空间设计，商业空间中的照明设计有哪些特点?
2. 商业空间中照明设计的思路是什么?
3. 商品展示区的照明布置有哪些要点?
4. 如何创造性地运用照明设计，打造别具特色的商业环境?

知识单元5 商业空间中的色彩设计

●**知识要点**

色彩的基本概念和基本特征，色彩对人的生理和心理等方面的影响，商业空间中色彩设计的特点和原则。

●**学习目标**

了解色彩的基本概念和特征，掌握商业空间中色彩设计的原则。

●**思政要点**

结合红色文化主题餐厅等案例，将红色文化教育与专业教学紧密结合，培养学生充分运用所学专业知识为党和国家做贡献的责任感和使命感。

●**企业要求**

灵活运用色彩知识加深商业空间的表现力。

5.1 关于色彩

色彩是一种物理现象，通过视觉感受产生一系列的生理、心理和类似物理的效应，形成丰富的联想、深刻的寓意和象征（图 5.1），例如冷暖、远近、轻重、大小等，这不仅仅是由于物体本身对光的吸引和反射所产生的不同结果，而且还存在着物体间相互作用所形成的错觉。此外，色彩在使人产生各种生理反应的同时也会引发不同的联想，例如庄严、轻快、刚强、柔和、富丽、简朴等，形成不同的心理反应。充分认识这些不同的心理反应现象，是进行色彩设计必不可少的前提。

图 5.1　日常生活中的色彩

5.2　色彩的基本特征

色彩是能引起共同的审美愉悦的主要形式要素之一（图 5.2）。色彩表现力强，能够直接影响人们的情感。可以分成无彩色和有彩色。有彩色有三个基本特性：色相、纯度、明度，在色彩学上也称为色彩的三要素，饱和度为 0 的颜色为无彩色系。

图 5.2　色彩的特征

5.2.1　无彩色

微课视频

商业空间色彩设计

无彩色指白色、黑色以及由白色和黑色调和形成的各种深浅不同的灰色。无彩色按照一定的变化规律，可以排成一个系列，由白色渐变到浅灰、中灰、深灰到黑色，色度学上称此为黑白系列。纯白色完全反射光线，纯黑完全吸收光线（图 5.3）。无彩色系的颜色只有一种基本性质——明度，不具备色相和纯度。色彩的明度可用黑白度来表示，越接近白色，明度越高；越接近黑色，明度越低。黑与白作为颜料，可以调节颜色的反射率，使色彩提高明度或降低明度（图 5.4）。

图 5.3　无彩色

图 5.4　无彩色空间

5.2.2 有彩色

有彩色是指红、橙、黄、绿、青、蓝、紫等颜色。不同明度和纯度的红、橙、黄、绿、青、蓝、紫色调都属于有彩色系。有彩色是由光的频率和振幅决定的，频率决定色相，振幅决定光强（图 5.5）。

图 5.5 有彩色

1. 色相

色相是确切地表示某种颜色色别的名称，如玫瑰红、橘黄、柠檬黄、钴蓝、群青、翠绿等。色相是由光线的光谱成分决定的，对于单色光，色彩的相貌取决于光线的频率；对于混合色光，色彩的相貌取决于混合色光频率光线的相对量（图 5.6）。色相是有彩色的最大特征。

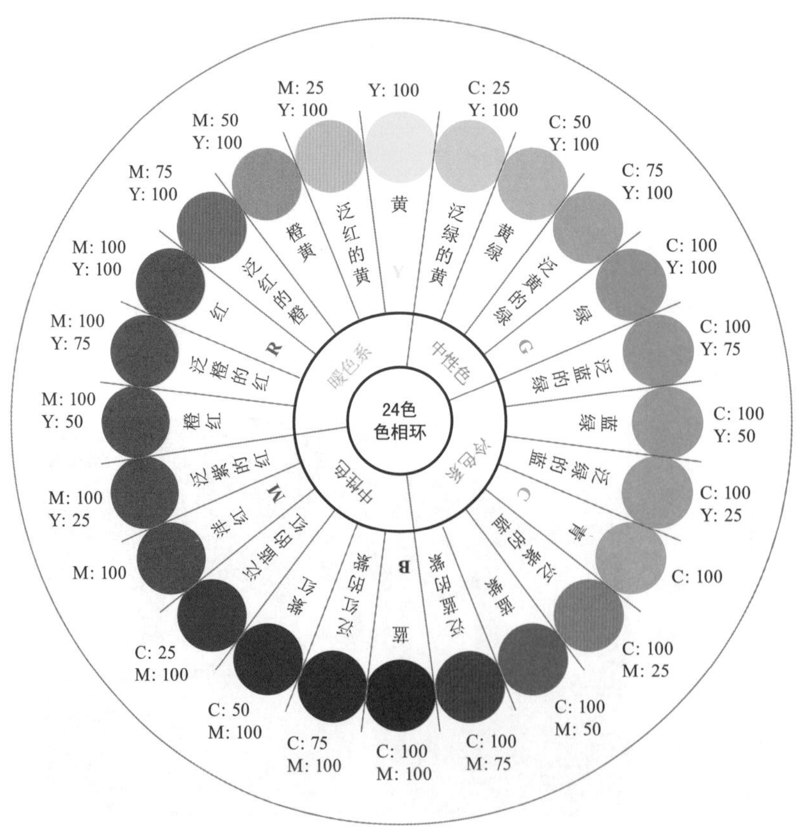

图 5.6 色相环

2. 纯度

纯度是指色彩的纯净程度，表示所含有色成分的比例，比例大则纯度高，比例小则纯度低，单色是最纯的颜色。纯色中加入黑、白或其他彩色，纯度就产生变化（图 5.7）。当加入的色彩达到一定的比例，原来的颜色将失去本来的色彩。色彩的纯度与物体的表面结构有关，若表面粗糙，漫反射作用使色彩的纯度降低；若表面光滑，全反射作用将使色彩比较鲜艳。

图 5.7　纯度

3. 明度

明度是指色彩的明亮程度，有色物体由于反射光量的区别而产生颜色的明暗强弱。色彩的明度有两种情况：一是同一色相不同明度，例如同一色彩的物体在阳光照射下显得明亮，在月光照射下显得较灰暗模糊；此外，同一色彩加黑或加白也能产生不同的明度。二是不同色相明度不同。每种纯色都有相对应的明度，白色明度最高，黑色明度最低，红、灰、绿、蓝色为中间明度。色彩的明度变化会影响到纯度，如红色加入黑色以后明度降低了，同时纯度也降低了，如果红色加白则明度提高了，纯度却降低了（图 5.8）。

图 5.8　明度

彩色的色相、纯度和明度是不可分割的，设计时应当同时考虑。

5.3　颜色系统

颜色系统是指以颜色标准、颜色管理、颜色检测为一体的综合系统。主要有 coloro 中国应用色彩体系、孟塞尔颜色系统 TILO 管理颜色系统和 PANTONE 色卡颜色系统等。

5.3.1　coloro 中国应用色彩体系

2001 年，中国纺织信息中心（CTIC）经中国科技部授权实施，创建了 coloro 中国应用色彩体系。该体系是中国应用色彩领域的国家标准（图 5.9），以人眼看颜色的方式编译色彩，基于视觉等色差理论基础。coloro 中国应用色彩体系基于一个 3D 模型，在这个模型中每个颜色都有一个特定的七位数色彩编码，分别代表色

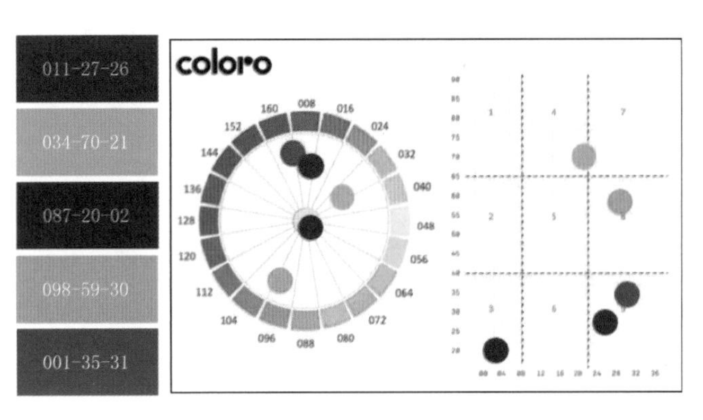

图 5.9　coloro 中国应用色彩体系

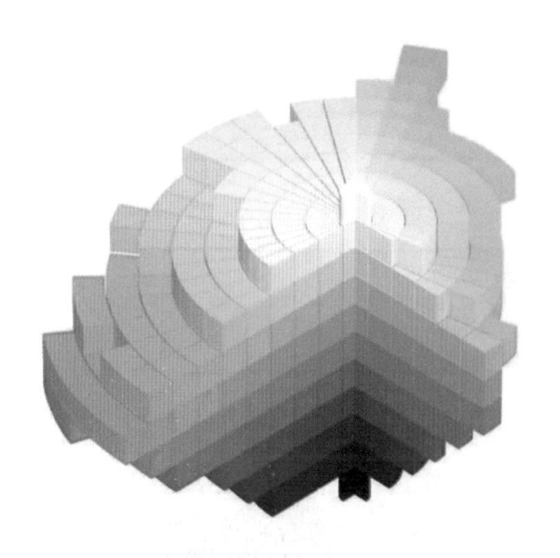

图 5.10　孟塞尔的颜色立体模型

相、明度和彩度，每个编码对应模型中唯一确定的点。整个体系由 160 个色相、100 个明度等级、100 个彩度等级构成，三者共同构建了一个可以定义 160 万种潜在颜色的色彩模型。

5.3.2　孟塞尔颜色系统

孟塞尔颜色系统是 A.H. 孟塞尔根据颜色的视觉特点制定的颜色分类和标定系统。用一个类似球体的颜色立体模型，把色的色调、明度、饱和度三种基本特性全部表示出来。模型中的每一部位都代表一种特定的颜色，对应一个标号。孟塞尔的颜色立体模型像个双锥体（图 5.10），中央轴代表无彩色，即中性色的明度等级。从底部的黑色过渡到顶部的白色共分成 11 个等距离的灰度等级，称为孟塞尔明度值。某一特定颜色与中央轴的水平距离代表饱和度，称为孟塞尔彩度，表示具有相同明度值的颜色离开中性色的程度。中央轴上中性色的彩度为 0，离中央轴越远，彩度数值越大。由中央轴向水平方向投射的角代表色调。孟塞尔颜色立体模型水平剖面的中心角代表 10 种色调，包括 5 种主要色调红（R）、黄（Y）、绿（G）、蓝（B）、紫（P）和 5 种中间色调黄红（YR）、绿黄（GY）、蓝绿（BG）、紫蓝（PB）、红紫（RP）。每种色调又可分成 10 个等级，每种主要色调和中间色调的等级都定为 5。

图 5.11　TILO 管理颜色系统

5.3.3　TILO 管理颜色系统

TILO（天友利）是主要的颜色检测设备生产厂家，是国内首家专门从事标准光源产品进口、开发、生产和销售为一体的大型公司，是国内颜色检测行业的第一品牌。国际检测机构和品质部门广泛认可和采用 TILO 管理颜色系统（图 5.11）。TILO 管理颜色系统通过两种方式进行颜色检测，一种使用 TILO 标准灯源箱进行检测，另一种使用电脑色差仪进行检测。

图 5.12　PANTONE 色卡

5.3.4　PANTONE 色卡颜色系统

PANTONE 色卡颜色系统（Pantone matching system，PMS）在全球被广泛使用（图 5.12）。一种色卡的颜色编号代表了一种颜色，数千种颜色集中印刷后装订成扇形或书本的形式，方便使用者查找。PANTONE 色卡分为 CU 色卡、TPX 色卡、金属色卡、TCX 色卡、CMYK 色卡、粉彩色色卡和哑粉色色卡等。

5.4　色彩的影响

人类是根据感官所接受到的视觉、听觉、嗅觉、触觉、味觉等信息产生不同的心理，进而影响行动（图 5.13）。在购买过程中，购买意向、购买行为等都受到感官的影响。因此，商业空间设计需要善于运用“五感”，尤其是视觉核心——色彩。色彩是强化商业空间体验的关键要素，也是展示企业文化和商业品牌的重要工具。解析色彩、引领色彩，改变现有单调和深沉的色彩环境，以满足年轻主流消费者的需求，打造更生动、时尚和富有主题性的色彩体验，已成为商业空间设计的新趋势。

图 5.13　色彩的影响

5.4.1　色彩引起的物理反应

色彩引发的视觉效果会引起如温度、距离、尺度、重量等方面的物理反应，充分发挥和利用这些特性，会使设计作品产生独特的魅力，使商业空间大放异彩（图 5.14）。

1. 温度感

在色彩学中，把不同色相的色彩分为暖色和冷色，从红紫、红、橙、黄到黄绿色称为暖色，其中橙色最暖。从青紫、青至青绿色称为冷色，其中青色最冷。这与人的感觉和经验是一致的，例如蓝色、黄色，让人仿佛看到江河湖海、绿色的田野和森林，感觉凉爽（图 5.15）。

图 5.14　色彩引起的物理反应

图 5.15　温度感

2. 距离感

色彩可以使人产生远近不同的感觉，暖色系和明度高的色彩具有前进、靠近的效果，而冷色系和明度较低的色彩则具有后退、远离的效果。商业空间设计中经常运用色彩的这些特点去改变空间的大小和高低，例如居室空间过高时，可用前进色，减弱空旷感，提高亲切感；墙面过大时，宜采用后退色；柱子过细时，宜用浅色；柱子过粗时，宜用深色，减弱笨粗感（图 5.16）。

3. 重量感

色彩的重量感主要取决于明度和纯度，明度和纯度高则显得轻飘，如桃红、浅黄色、嫩绿色等。反之则显得庄重（图 5.17）。

4. 尺度感

色彩用于影响物体大小的因素包括色相和明度。暖色和明度高的色彩具有扩散作用，使物体显得大，冷色和暗色具有内聚效果，使物体显得小（图 5.18）。

图 5.16　距离感

图 5.17　重量感

图 5.18　尺度感

5.4.2　色彩的生理影响

物体反射光线到视网膜，使人能够感受到色彩。这一过程与人类的生活经验相结合，从而产生不同的生理感受。在长期的进化和社会经验中，人类逐渐形成了对不同色彩的生理反应。例如，绿色能给人一种自我满足的、庄重的、超自然的宁静，使人心旷神怡；红色象征热情，使人激动和振奋；黄色是安静和愉快的色彩；蓝色象征理智，使人冷静。色彩有着丰富的含义和象征，不同民族对色彩表现出不同的认识和感受，与年龄、性格、素养、习惯也联系紧密，例如从红色联想到太阳，它是万物生命之源，由此感到崇敬、伟大、活力、希望、发展、和平等；黄色似阳光普照大地，感到明朗、活跃、兴奋（图 5.19）。

图 5.19　色彩的生理影响

5.4.3　色彩的心理影响

人们在长期的生产与生活中结合历史和地域文化使色彩具有了某种情感、内涵与联想。例如，暖色可以使人产生热烈、兴奋、紧张的心理效应；冷色使人感觉到宁静、幽静、安定。黑、白、灰为中性色，具有较好的调和作用。

红色是最具有视觉冲击力的色彩，炽热似火，壮丽如日，奔放如血，是生命和热情的象征。红色的波长特点使其具有前进、靠近的视觉感受，这些特点主要表现在高纯度时，当其纯度降低，视觉冲击力就自然而然减弱了（图 5.20）。

橙色比红色的视觉感受柔和，但高纯度的橙色仍然具有较强的视觉冲击力，浅橙色常常使人联想到生命活力、精神饱满和积极向上等，没有消极的象征或情感联想（图 5.21）。

图 5.20 红色的心理影响

图 5.21 橙色的心理影响

黄色是明度等级最高的色彩，使人联想到光芒四射、生机勃勃，能够使人感到温暖、愉悦，成为积极向上、进步、光明的象征。但当它的纯度或明度降低时，就会出现相反的效果（图 5.22）。

绿色是大自然中最常见的色彩，是万物生长、生命力和自然力量的象征，从生理上和心理上，绿色都能使人感到平静、松弛（图 5.23）。

图 5.22 黄色的心理影响

图 5.23 绿色的心理影响

蓝色给人的感受是清冷、安静的，置身于蓝色的环境中能使人感到心情平静、思路清晰。（图 5.24）。

紫色是冷静和沉着的颜色，具有精致富丽、高贵迷人的特点。偏红的紫色显得华贵艳丽，偏蓝的紫色显得沉着、高冷，象征尊严、孤傲或悲哀等（图 5.25）。

图 5.24 蓝色的心理影响

图 5.25 紫色的心理影响

色彩引发的不同心理特性常有相对性或多义性。设计师要善于运用色彩来为空间设计服务。人们对色彩的这种由经验、感觉、联想，再上升到理智的判断，既有普遍性，也有特殊性；既有共性，也有个性；既有必然性，也有偶然性。在选择色彩作为某种象征和含义时，应该根据具体情况分析（图 5.26）。

图 5.26 色彩的心理影响

5.5 商业空间设计中色彩的重要性

商业空间整体氛围营造离不开色彩（图 5.27）。科学实验证明，人的视觉器官在观察物体最初的 20 秒内，色彩的刺激占约 80%，5 分钟后占约 50%。在商业空间中色彩设计不仅要满足审美需求，还应该传达商品信息。商业空间的设计过程中，塑造与商业主题、产品性格协调一致的色彩空间，就成为设计的重要任务。色彩是商业空间环境设计不可分割的部分，是通过视觉感知形成心理反射，影响人们的行为（图5.28）。掌握色彩运用的方式，首先要了解色彩的主要作用，即色彩的视觉感受和心理感受，不同的色彩可以使人产生进退、凹凸、远近的感觉，利用色彩的距离感可改变室内空间不理想的比例尺度。在视觉上，常用冷色调和暖色调对色彩进行大致的划分，例如红、橙、黄这样的暖色系色彩，渲染热闹、喜庆的场景，造成一种兴奋的、温暖的、冲动的体验；相反，例如蓝色、绿色等冷色系色彩，可以营造出自然的、和谐的、宁静的氛围，能让人感受到冷静、克制、凉爽。可见，冷色调、暖色调的合理使用取决于色彩所带来的心理感受。

图 5.27　色彩的重要性

图 5.28　色彩的氛围营造

商业空间设计中，色彩的重要性表现在两方面：一方面色彩作为空间设计中灵活性较高的元素，便于操作；另一方面色彩在空间中所占的比例大，易于营造整体的氛围。商业空间的色彩设计主要指的是以色彩作为主要的表现手段，综合运用色彩对人心理和生理影响的科学规律，主观地营造出适宜的空间色彩环境氛围，以表达空间主题，满足消费需求。

5.6　商业空间设计中色彩设计的特点

色彩主要应用于建筑外立面和内部商业空间，它是商业价值转换的核心，包含餐饮、便利店、特色专卖等商业与公共服务功能。商业空间设计的色彩使用要丰富、鲜明，充分考虑对消费市场和品牌文化的分析与定位，将色彩与商品、服务进行充分地搭配，通过色彩体验建立有效的商品与服务的品牌印象（图5.29）。

图 5.29　色彩体验

5.6.1　运用色彩关系表现主题

商业空间设计中可巧妙运用色彩属性和关系进行主题渲染和氛围营造。商业空间主题多以地域经济与文化为主线，配以各种人、事、物等故事典型，辅之合理的动线规划和空间装饰，来营造符合当地特色的公共与商业服务环境。在表达主题的过程中，色彩能快速地塑造鲜明、直观的视觉印象，可以运用色彩关系来强化主题，对于不同色彩的心理感受及联想，唤起对不同功能诉求的记忆和情感，从而达到通过有方向性地突出主题拉动消费的目的。

1. 案例分析：向阳服务区红色文化主题餐厅

主题餐厅从入口到内部的整体色彩都采用了怀旧的大红、棕色、金色、灰色配色系统，对比非常强烈，给人一种质朴、浑厚、沉淀的感觉（图 5.30），运用旧家具、旧报纸等，赋予整个空间鲜明的红色文化时代感、场景感主题，建立消费者对于红色文化的情感共鸣和认同。此外，随着消费者对生活品质的追求，会更多地关注商业空间的环境，以获得温馨、舒适的体验感，即商业空间环境的场景化、情绪化。因此想要避免商业空间显得过于空旷和苍白，就要建立既贴合主题，又符合公共与商业服务功能的色彩体系。

图 5.30　向阳服务区红色文化主题

2. 案例分析：赤壁服务区温馨的商业空间

该服务区商业空间大胆地使用红色表现三国主题，结合清新的原木纹材质，营造出浓厚的文化氛围（图 5.31）。

图 5.31　赤壁服务区三国文化主题

5.6.2　运用色彩营销吸引消费者

商业空间的色彩设计将直接影响消费者对于空间和服务的感受。运用色彩对于生理和心理的作用，定义符合商业空间自身发展的色彩体系是设计的关键所在。色彩设计通过制造视觉画面吸引顾客。一项调查表明，消费者会在 7 秒内决定是否有购买商品的意愿，而在这短短 7 秒内，色彩的决定因素占 67%，这就是“7 秒定律”“色彩营销”的理论依据。

1. 案例分析：喜茶把门店的空间设计做到“千店千面”

风靡全国的新式茶饮网红品牌喜茶致力于塑造高辨识度的茶饮空间，被称为“被卖茶耽误的设计公司”。极简和克制是喜茶空间推崇的设计语言，结合不同的主题和地域人文特色融入新鲜的元素，带给人永不过时的美和灵感（图 5.32）。

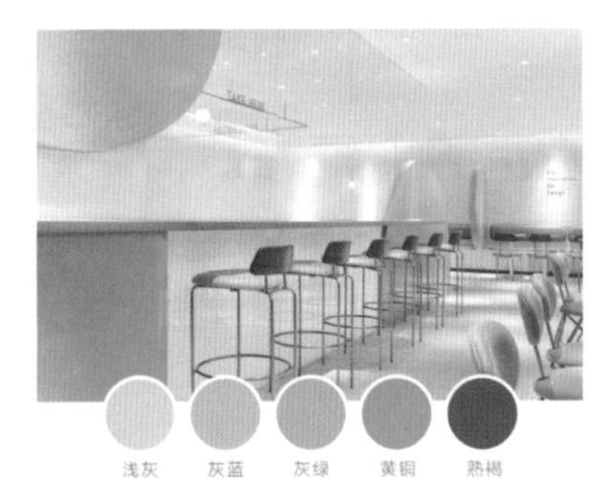

图 5.32 喜茶深圳海岸城店

2. 案例分析：全新休闲养生品牌——森林奇境

门店设计跳脱了传统沐足 SPA 的刻板印象（图 5.33），通过材质、色彩、灯光共同营造出适合都市人缓解压力的治愈氛围，整个空间设计讲述了一个旅行者在沙漠中长途跋涉至绿洲（图 5.34），最终寻得森林奇境的故事（图 5.35）。

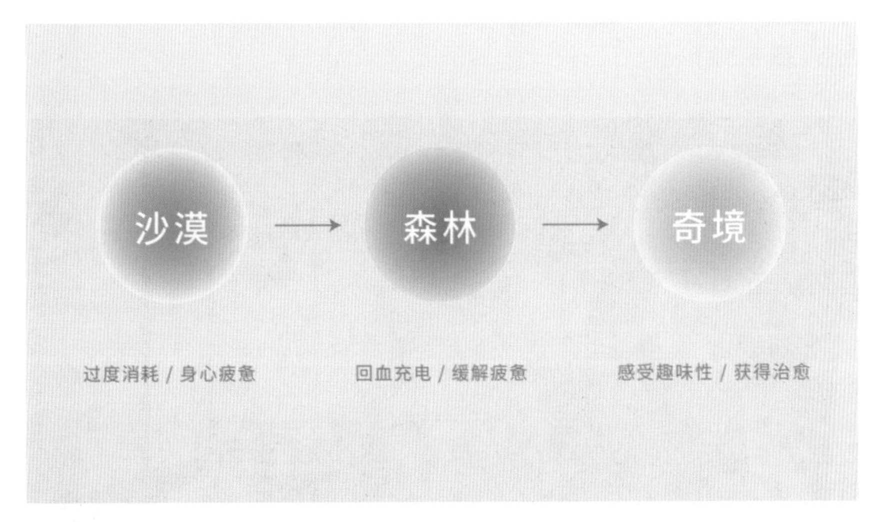

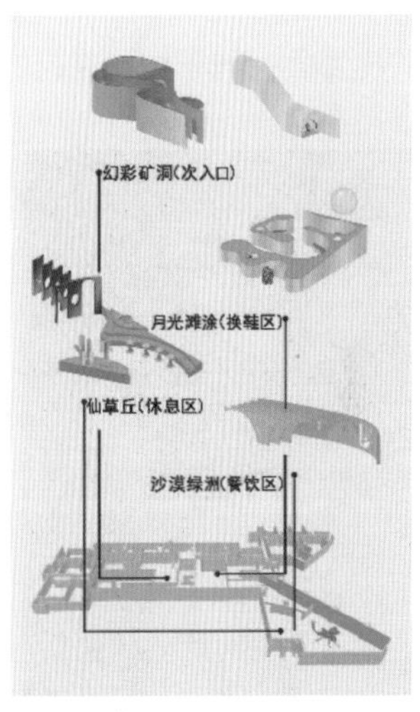

图 5.33 森林奇境的品牌理念

图 5.34 森林奇境梦幻诗意的换鞋区

图 5.35 森林奇境回归自然的绿洲餐厅

5.6.3 运用色彩设计加深消费者的体验

色彩设计制造了视觉画面，对于注重体验式消费的商业空间来说是相当重要的。消费者在商业环境中不仅仅是单纯的购物行为，更是有放松身心、转移或疏解压力的需求，色彩设计的价值也在于此。商业空间设计中也要专注于研究色彩流行趋势和色彩应用设计，探索色彩对于情绪、情感、心理、疗愈和幸福的联系（图 5.36）。

图 5.36 色彩体验

5.7 商业空间中色彩设计的原则

5.7.1 品牌原则

商业空间的色彩设计是企业设计策略和品牌形象策划的有力环节，要根据品牌文化理念或具体市场定位，做好商业空间整体色彩规划。根据不同的品牌文化理念和市场定位设计独特的颜色形式，以达到建立品牌彩色形象的目的（图 5.37）。

5.7.2 功能原理

功能是空间存在的前提，色彩是一种视觉符号，正确使用色彩科学的相关知识可以使色彩有效地传达要在空间中表达的内容，有利于突出商品的功能（图 5.38）。

图 5.37 桃花秀 club

图 5.38 查理克俱乐部

5.7.3 美学原理

审美消费比纯粹的功能消费具有更大的市场潜力，可以使消费者在心理上获得更大的满足（图 5.39）。

5.7.4 人气原则

使用流行色是商业竞争的重要手段，可以引导消费。通过对流行色彩的有效研究和预测，可以运用空间的色彩因素来强调时代感，更新消费观念，达到扩大市场容量和引导时尚的目的（图 5.40）。

5.7.5　流程原则

在空间色彩设计中，应充分考虑工艺对空间色彩的影响。工艺不同会产生不同的视觉效果，不同的施工过程产生的纹理效果也不同（图 5.41）。

图 5.39　福建莆田曼芭荟 SPA 水会

图 5.40　和子养生会馆

图 5.41　会所设计

单元小结

色彩是商业空间设计中重要的设计元素。本单元从色彩的基本概念入手，讲述了色彩的分类、对人的影响等，重点掌握商业空间中色彩设计的特点和基本原则。

思考题

1. 商业空间中的色彩设计有哪些特点?
2. 商业空间中色彩设计的思路是什么?
3. 色彩设计是如何表现商业主题的?
4. 如何运用色彩设计表现红色文化?

知识单元6 商业空间中的主题情景设计

●**知识要点**

主题情景设计的相关概念，商业空间中主题情景设计的特点，商业空间中主题情景设计方法，商业空间中主题情景设计的表现方式。

●**学习目标**

了解商业空间中主题情景设计的概念和特点，掌握商业空间中主题情景设计的表现方式。

●**思政要点**

“人民对美好生活的向往，就是我们的奋斗目标”，因此在教学中要鼓励学生扎实学好专业知识，立足专业和岗位，用一己所长、尽己所能为人民群众打造美好的生活空间。

●**企业要求**

熟练掌握商业空间中主题情景的表现方法。

6.1 主题情景设计的相关概念

图 6.1 城市中的山谷体验店

6.1.1 关于主题情景设计

主题情景由主题、情感与场景构成，以主题和情感为主，以场景为辅，二者在审美过程中融会贯通，通过实践与事物建立起联系，是实时反馈的过程。主题情景设计以情感为基调，如图 6.1 运用一系列设计手法建构场景，实现氛围的渲染，引导观众深入情境，与消费者产生情感共鸣，升华空间主题。主题情景是受众处于特定环境中，产生特定的心理感受。通过研究消费环境和情感认知，挖掘共性要素，运用到设计中丰富思维、创意表达，使得商业空间设计主题明确且不断推陈出新（图 6.2）。

图 6.2　时间的概念体验店

6.1.2　关于环境认知

环境认知的发生依赖于认知经验。进入商业空间后，环境对人产生刺激，人脑随即捕捉形态、色彩、声音、气味等空间里的一切信息，这些信息被储存在大脑中，根据认知经验信息被重新识别，产生情绪或是思考，这一过程就是环境认知。

6.1.3　关于通感

通感是指视觉、听觉、嗅觉、味觉、触觉这五种感官之间打破界限，相互影响，对其中某一感官进行刺激，会引起另外一种感官的反应。例如形容声音甜美，不仅调动了听觉，味觉、视觉均发生了作用。通感作用的过程离不开认知和心理经验，当感官刺激发生时，以往的经验与刺激相联系，转化联想为某一种主观感受。在商业空间中，对材质、色彩等要素的处理会直接影响消费者对空间环境的感受，例如光洁冰冷的玻璃带给人工业感，粗糙的砖墙带给人古朴感（图 6.3）。

微课视频

商业空间情景化设计

图 6.3　未来社体验店

6.2 商业空间中主题情景设计的特点

商业空间中的主题情景有两个较为突出的特点：主题空间的表达和购物行为的优化。

6.2.1 主题空间的表达

主题情景式商业空间注重塑造与主题相关的场景，渲染情感气氛，能够给消费者带来独特的心理感受（图 6.4）。

图 6.4 深意与哲思体验店

6.2.2 购物行为的优化

商业空间主题情景设计针对不同年龄、收入、地域的消费群体提炼出有针对性的情感倾向，有针对性地开展设计，有意识地选择和运用恰当的空间语言来实现优化购物行为的目的。消费者在购买商品的同时，也购买了商品背后传递的文化理念、生活方式、社交需求等看不见的价值。

6.3 商业空间中主题情景设计方法

情景主要发挥作用的是感官系统，通过各种感官将外界信息转化为大脑可加工的神经信息，产生感觉信息，引发情景感受（图 6.5）。

6.3.1 通过营造视觉感知塑造情景

当今，大量的视觉信息充斥着生活。相关研究显示，80% 的感官体验取决于视觉刺激，与其他感官获取的信息相比，视觉信息易于理解，且具有较长的记忆时效，通过视觉感官系统识别视觉语言的方式，已成为认识世界的主要途径。对主题情景式商业空间进行设计，应采取视觉创意和空间想象结合的设计策略，通过多维度设计的方式进行视觉创新与设计延展，塑造能够带给观者视觉愉悦的场景。在如今的商业空间设计中，采用数字艺术是一种较为流行的设计手法。通过数字化的方式呈现出具有强烈视觉效果的动态设计，带给消费者视觉感官的冲击，同时将真实与虚拟相结合的差异效果运用到设计中，为消费者创造出一个奇幻的空间。华丽的展示效果和全方位的感官体验深受大众欢迎，风靡了各大社交平台，融合了新媒体艺术、装置艺术、数字影像、特效、灯光设备技术等，让参与者有完全沉浸的体验，使用户感觉仿佛置身于虚拟世界之中（图 6.6）。

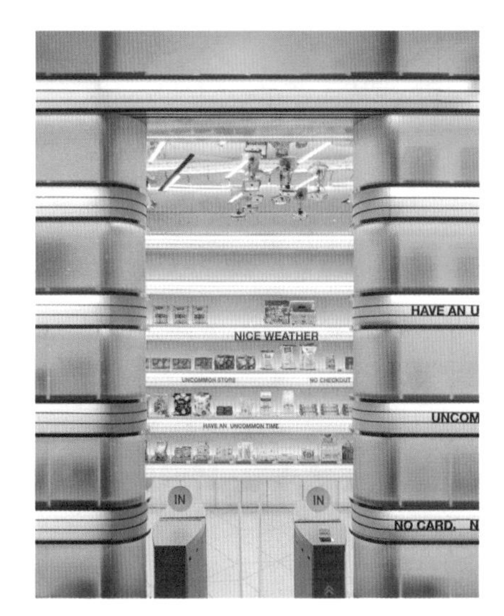

图 6.5　科技与空间融合体验店

图 6.6　KANIN KONGE 服装店

案例分析：Beauty 美食剧院

Beauty 美食剧院运用数字技术的手段，将抽象与现实结合，通过光影变换，呈现时空错觉的效果。餐厅的墙面和桌面被作为投影幕布，以 VR 般的沉浸式视觉效果展现美食。整个空间视觉与音效相融合，沉浸式的视觉效果使得空间具有丰富的艺术感染力。这个餐厅可容纳 35 人，这里没有表演，食客就是表演本身。空间分为两层，一楼的餐厅隐藏在华丽的玫瑰色幕帘后面，像剧院一样，要求食客关闭手机的声音，不允许拍视频和开闪光灯拍照。地板、墙壁和天花板都被是天鹅绒质感的玫瑰粉色，让人仿佛置身于一个美妙舒适的盒子里。优雅的树枝形吊灯由数以千计闪闪发光的玻璃碎片和镜子碎片组成。高高矗立在上方，餐厅内有一张可容纳 20 人的大圆桌，当沉浸式体验活动开始时，灯光与物体进行交互，整个表演伴随着优雅的旋律，邀请食客进入味觉和视觉完美结合的世界（图 6.7）。

图 6.7 Beauty 美食剧院

6.3.2 通过营造听觉感知塑造情景

听觉感知是仅次于视觉感知的重要媒介，进入商业空间后，首先通过视觉感知系统来获取视觉经验，产生对于整体空间的印象和情感。相比于视觉感知带来的直观感受，听觉感知获取的信息层次更加丰富，有助于发挥对于空间的想象。根据视觉与听觉感知的特质，将二者紧密结合，建立良好的视听交互系统，可以丰富消费者多维化的感知体验。

案例分析：NOISY BANK 噪音银行酒吧

杭州 NOISY BANK 噪音银行酒吧是集聚音乐与热情的地方，设计师将入口设置为 3 个 ATM 银行提款机形式，这个具有仪式感的入场是对私密与窥探的矛盾体验尝试。惯性思维与常识被打破激发消费者产生进入空间内部一探究竟的想法。进门后是一个用光导纤维灯形成的星空顶，四周使用黑色镜面玻璃，使人仿佛置身于星空之下，现实与虚幻一席之隔。循着一道微光前行就到了前台区，以阵列排布的石膏头像充满了仪式感。左侧送餐电梯连通了负一层的厨房以及二层，解决了在酒吧热闹空间送餐的窘况。一层功能主要分为前台区、卡座区以及散座区，复古的氛围适于交谈聊天。水泥墙面、墨绿色墙裙、壁灯以及金属钢管都极具复古韵味。顶部圆镜与整面墙的镜子拓宽了层高，延伸了空间，也让整个空间增加了更多的迷幻之感。二层的功能区有长吧台、卡座、VIP 包间以及一个架空的平台。平台上方放置了一系列圆镜，犹如连通无数空间的虫洞。不同形式的人通过虫洞来到这里，探索未知与未来。整个设计中都用了变色灯带，单个灯带可以变换出 256 种颜色，每个部分又可以分开调色。酒吧可以根据不同主题自由调控，变化无穷，可以是充满未来感的，也可以是充满热情的；可以是复古情调的，也可以是精致高级的，由红与蓝两种颜色主导，在热情与冷漠的交替中畅享冰与火之歌。NOISY BANK 噪音银行酒吧运用了视觉、听觉等多种感官刺激，伴随着不同主题风格的音乐，室内的灯光色彩亦发生变化，营造出不同的空间效果，多样化的空间氛围，提升了空间的消费感受（图 6.8 ～图 6.10）。

图 6.8 NOISY BANK 噪音银行酒吧（一）

图 6.9 NOISY BANK 噪音银行酒吧（二）

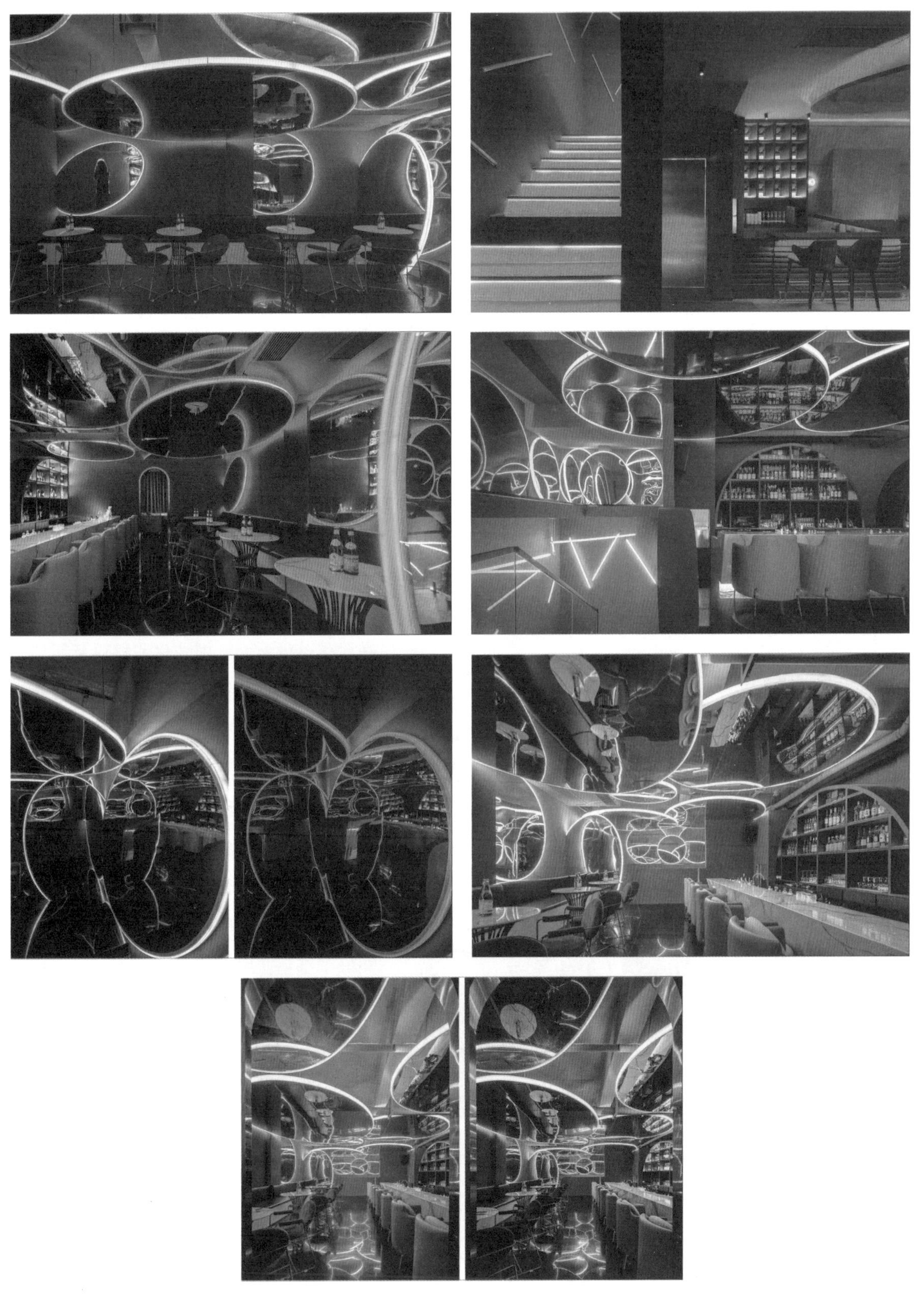

图 6.10　NOISY BANK 噪音银行酒吧（三）

6.3.3　通过营造触觉感知塑造情景

触觉带给人们的感知更加细腻和真实，在商业空间中的应用表现在触觉质感引发的联想和触摸科技获取的信息。不同的材料带来不同的感性认识，例如柔软的纺织品传递出平和感，粗糙的石头给人以力量感。随着商业空间设计向着更具人性化、智能化的趋势发展，越来越多的场景越发注重人与物的关系，重视消费者与商品的交互体验。

案例分析：长沙 B+Tube 油罐智能新零售美妆集合店

店铺设计充满科技感，产品陈列采用高级智能显示屏，通过触摸便可虚拟使用。消费者进入商店以后，首先进行肌肤测试，根据测试结果生成肌肤状态信息，随即与店内的商品进行匹配，模拟妆效，在保证安全卫生的同时又不失为一项有趣的体验，使顾客更加了解自己的肤质，选择适合的商品，既有利于产品推广，同时又激发了消费者对于美的探索。该店旨在为美妆领域线下体验与线上数字化多渠道融合树立行业新标准，通过在空间设计中融入零售逻辑实现更优商业转化，同时构建品牌零售终端的模块化和快速复制模型。设计将“漂浮”元素融入设计概念“浸没”中，打造更加轻盈并带有动感韵律的通透视觉。通过将设计中成功创造的品牌视觉符号“中央炫彩”进行隔栅化的结构变形，重复运用模块化炫彩隔栅柱在银色金属大空间中，营造焦点区域鲜明对比的同时，为整体空间引入了更加和谐及动感的节奏和韵律。

店铺位于四面通透的商场中庭，如何在空间内实现动线和陈列的合理设置，增加消费者在店内的停留时长，平衡零售商业诉求和品牌体验成为该项目最大的设计挑战。通过与业主和品牌在项目初期不间断的沟通和互动，全店设计打破了常规意义的租赁红线，将品牌影响力渗透进入了商场的公共区域及人流动线走廊，从而不仅为品牌获取了更加充足的消费者关注度和吸引力，也促使消费者在经过走廊时就能提前进入品牌创造的消费场景中。

图 6.11　B+Tube 油罐智能新零售美妆集合店

在深化落地层面，模块化和材料革新的思想贯穿了设计全流程。模块化拆分后的中央教堂结构和陈列道具不仅让整个店铺在施工落地过程中更加快速更加标准化，同时也为日后的运营调整创造了空间和条件。对于炫彩不锈钢材料的进一步研发和调整，让施工的造价和时间都得到了大幅度的优化，为品牌后续铺店的大面积拓展做好了铺垫。继续探索不同的材质应用和模块标准化模型，进一步凸显品牌本质的不同方式。在设定中央炫彩教堂结构为视觉核心焦点和品牌中心的同时，全店大基调保持着干净、安全的空间光感和质感，护肤区大面积运用了白色的不锈钢和半透亚克力，营造如实验室般的洁净清爽和高科技氛围。设计中静怡的色彩和材质更加突出产品、互动、音乐体验的表达，动线上遵循以店铺中央为中心相交点，隐喻品牌始终传达的“美丽的各种可能聚焦成了你自己”（图 6.11）。

6.3.4　通过营造嗅觉感知塑造情景

嗅觉是人类感知环境的重要方式之一，它能够直接刺激大脑的情感和记忆区域，从而影响人们的情绪和行为。因此，通过营造特定的嗅觉环境，可以有效地塑造出相应的情感和情境。例如，在商业空间中，适当的气味可以营造出舒适、愉悦的氛围，从而吸引顾客的注意。在酒店大堂、商场、咖啡馆等场所，常常会使用香气来营造出温馨、舒适的环境，使人们感到放松和愉悦。此外，嗅觉也可以被用来唤醒人们的回忆。例如，某些气味可以让人想起童年时期的经历，从而产生怀旧情感。这种嗅觉记忆的持久性也使得气味成为一种强大的品牌标识，可以用来巩固品牌形象和增强品牌认知度。

案例分析：Cosmetea 新型美妆茶文化品牌店

Cosmetea 新型美妆茶文化品牌店的整个空间呈现出层峦叠嶂的形态，人们在交错的阶梯上品茶、交流、自由探索，空间中弥漫着清新幽雅的茶香，通过嗅觉和动觉的感知，给予人们回归自然的感受，打破传统的美妆售卖空间，诠释了美妆产品与茶文化的融合，以多维体验的方式探索商业新场景，用嗅觉感知强化客户对于品牌的记忆。在空间基调上，提取普洱暗红的汤色，调和为饱和度较低的暗粉，兼有工业与自然的属性，进一步探索自然与人之间关系，带给客户沉浸式的体验。店铺置身于鳞次栉比的老式建筑群中，设计师围绕“Taste a beautea”的概念原型展开创作，提取层叠错落的山峦之形与闲适恬淡的意境为设计元素，创造新语境下的美妆零售及社交与体验空间——漂浮于山间的茶室。同时借鉴东方园林的框景手法，在入口处引入现代极简的不锈钢屏风，增添朦胧的韵律，暗示传统茶室的蜕变，构成极具辨识度的品牌性格，吸引行人驻足欣赏。进入室内，与立面不锈钢屏风相呼应的是置于场地中央的不锈钢悬挑长桌，以及混凝土旧屋顶下方的“漂浮灯”装置，配以玻璃砖的新颖光效，演绎曲水流觞的生色光影。在空间基调上，普洱茶色的运用既诠释了美妆产品与茶文化的融合，也为现代人高强度的工作和生活带来亲和的抚慰。硅藻泥墙体在间接光源的晕染下，铺陈出留白与想象的东方水墨画卷，墙体表面立体触感的纹理给人以回归自然的生命气息。灵活可变的空间“魔方”玻璃砖与金属结合而成的固定台阶，以轻盈与厚重之间的平衡美感，引导客人拾级而上，自由落座。通透的材质不仅打破沉闷，为多层次空间注入“漂浮感”，增加空间的趣味。空间形态与功能的灵活还体现在可插拔的陈列架，给予产品陈列以更多的可能。欧松板和金属穿孔板制成的移动台阶，内嵌 Cosmetea 产品瓶盖，透过照明，显现出品牌标识，回收材料由此成为可持续的艺术表达（图 6.12、图 6.13）。

图 6.12　Cosmetea 新型美妆茶文化品牌店（一）

图 6.13 Cosmetea 新型美妆茶文化品牌店（二）

6.4　商业空间中主题情景设计的表现方式

商业空间的构成要素有商品、服务、消费行为、空间设计等；设计要素主要有形态、色彩、质感、光感等，同时也是商业空间向消费者传达情感的方式和手段。只有充分理解和运用形、色、质、光等设计元素，才能准确地表达空间的感受。

6.4.1　形的主题情景传递

通过观察具有不同视觉特点的物象形态，人的情绪和心理发生变化的这一过程被视为是形态的情感传递，例如曲线给人以灵动感、圆形给人以完美感、三角形给人以稳定感等。根据空间设计中物象形态的来源，将物象形态划分为自然形态和人工形态。自然形态源于大自然中的客观物质，例如水滴、树干、云朵等，给人自然、宁静的感受。人工形态是指通过社会生产劳动创造出来的物质形态，具有场景独特、形态典型的特征，能够唤起对特定空间的联想，例如飞船、传送带、人工仓等形态运用于商业空间中，会带来鲜明的奇幻感，激发消费者的好奇心和探索的欲望，产生对星际文明的无限想象（图 6.14）。

图 6.14　女装精品店

6.4.2　色的主题情景表现

在空间设计要素中，反映情感最直接的是色彩。色彩作为视觉中的首要艺术语言，能够直接对情绪和心理产生重要影响。人类经过长期的认知与实践，对五彩缤纷的世界积累了大量的视觉经验，从而引发情绪反应。外界的颜色刺激视觉，就能够唤起相应的情绪。在同一场景下不同的色彩带给人们的情感反应是不同的。例如，红色给人热情、兴奋的感觉；蓝色则带来深远、幽静的感觉。相同色系下，不同饱和度和明度的色彩带来的感受也是不同的，例如同样是绿色系，墨绿色让人感觉稳重、深沉，而草绿色却带来活泼与生机（图 6.15）。

图 6.15　嘉宏 MOMA

6.4.3　质的主题情景表达

不同的材质各具独特的质地和肌理，运用到空间设计中，呈现出不一样的视觉效果和情感体验。

案例分析：碳境——juliArt 头皮理疗中心

碳境——juliArt 头皮理疗中心运用不同质地的黑，表达不同的情感。黑色的木材传递温和的情绪，黑色的金属传递稳固的感受，而黑色的纱圈传递的是柔软与朦胧的体验。这些材料光泽各异，在丰富空间层次的同时，构筑了一条颇具仪式感的体验动线，使客户在畅游中体验探索的乐趣。由此可见，材料对于空间的情感表达起到重要的作用。设计时应充分感受各种材料的特点，充分发挥材料的属性，突出形式美和内在的情感特征，为客户营造出独特的情绪体验，进而引起情感共鸣（图 6.16）。

图 6.16　碳境—juliArt 头皮理疗中心（一）

此外，随着人们对健康需求的日益重视以及环保理念的不断深入，材料的环保程度是设计师选择材料时的重要参考指标。二楼体验空间的阶梯通道，采用不同品种的染黑木料，搭建出踏面的立面，拾级而上，光泽各异的黑色表现出不同层次间安静的递嬗，拉开体验自然本质的序曲。以充满手感弯折曲度的金属细网，构筑层次丰富的品牌视觉主墙，想象头皮从里到外的皮肤组织与毛细孔，静置成空间里纯粹的符号和标记知识线索，解答生与息交替起落的定律，植物在此扮演着关键的角色。在自然界，无论是蜿蜒的田埂、叶脉的边缘还是山棱起伏，都体现出自然的美感。写意而不假人工的线条是空间中的重要表现要素，制式柜体门框退隐在炭黑的立面之后，利用多层次的黑纱圈划分出线条有机的隔屏。用烧黑碳化的木头替代平整的人工材料，表现出剥离外在繁华装饰后的单纯。用眼、耳、鼻、舌、身、意来存取记忆，想象雨水、春寒料峭的微光、树梢新芽的生命，混合着湿黑色泥地在风中化为气息（图 6.17）。

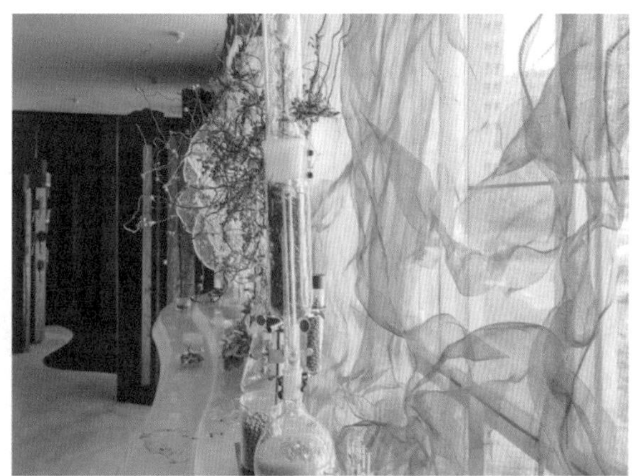

图 6.17　碳境——juliArt 头皮理疗中心（二）

6.4.4 光的主题情景渲染

光是一种物理现象，光色与空间相互作用，对于塑造与表达空间艺术极为重要。光影的构建丰富了空间结构和主题情景氛围的表达，以独具特色的艺术语言塑造空间，使不同功能的空间传递不同的空间氛围感，使受众的情绪状态与之产生共鸣，形成一种独特的情感体验。休闲娱乐的商业空间中通常需要放松的场景氛围，营造充满想象的空间，让消费者得到深层的放松。明暗对比是营造梦幻空间艺术氛围的方法之一。在商业空间中，设计师会采用这种手法去强化重要的功能部分或空间艺术表现的重点区域。

案例分析：上海市黄浦区青籁养身馆

在上海市黄浦区恒基旭晖天地地下2层有一家青籁养身馆。这家养身馆的环境非常特殊，整体氛围昏暗，仿佛被混凝土包裹起来。但是，一旦你深入其中，就会发现一个充满奇幻与神秘的兔子洞。这个兔子洞由迷光花阵围合而成（图6.18），与四周昏暗单调的区域形成了强烈的反差。里面的灯光微暗，花朵尺寸不真实，给人一种如梦似幻的感觉。进入这个兔子洞，你会感觉自己被缩小了，置身于一个被放大的奇幻森林中。这个环境会让你逐渐忘却疲惫的身躯和现实生活的压力，重新组织起新的感官体验。在这里，你的意识会被解放和松弛，仿佛进入了一个没有束缚和边界的幻想空间。

图6.18 青籁养身馆接待区

图6.19 青籁养身馆按摩区

在爱丽丝梦游仙境的故事中，爱丽丝追随白兔进入了一个兔子洞，来到一个充满奇幻和神秘的世界。同样地，青籁养身馆也创造出了一个如梦似幻的奇幻世界。在这个世界里，你可以感受到疯帽子与大家在花丛中喝着下午茶的氛围。在休憩等候区中，你的感官已经沉浸在这个奇幻的世界中。在按摩区中，荧光飞舞的场景会让你进入更深的迷光花阵里。渐变灯光的洒落成为洞穴中的舞台聚光，不规则的镜子反射出如梦似真的奇幻感受（图6.19～图6.27）。这一切会让你忘却现实生活中的压力和紧绷，让疲惫的身心得到放松和舒展。

图 6.20　青赣养身馆按摩区灯光细节

图 6.21　青赣养身馆按摩区细部

图 6.22　青赣养身馆公共区

图 6.23　青赣养身馆公共区细部

图 6.24　青赣养身馆盥洗室

图 6.25　青赣养身馆盥洗室细部

图 6.26　青籁养身馆卡座细部

图 6.27　青籁养身馆室内走廊

单元小结

本单元内容是本课程学习的难点。主题情景表现是一个相对比较虚的概念，如何在商业空间中有效地表达主题、调动消费者的情绪、营造商业氛围，从而使商业空间和商品受到消费者的认可，提高商业价值，是设计师需要掌握的核心技术。本单元从主题情景设计的基本概念入手，层层递进，介绍主题情景设计在商业空间中的表现方式，同时通过生动形象的案例，图文并茂地把难点变得易于理解。

思考题

1. 商业空间中主题情景设计的重要性体现在哪里?

2. 你认为商业空间中主题情景设计的难点是什么?

3. 你所擅长的主题情景设计的表现方法有哪些?

知识单元7
商业空间体验式设计

●知识要点

商业空间体验式设计的相关概念，商业空间体验式设计的目的，商业空间体验式设计的特点、意义、产生的背景、分类、原则。

●学习目标

了解商业空间中体验式设计的概念和特点，掌握商业空间中体验式设计的设计原则。

●思政要点

引导学生立足时代、扎根人民、深入生活，树立正确的艺术观和创作观。坚持以美育人、以美化人，积极弘扬中华美育精神，引导学生自觉传承和弘扬中华优秀传统文化，全面提高学生的审美和人文素养，增强文化自信。

●企业要求

综合运用本教程中所涉及的设计要素和设计手法，体现商业空间中的体验式设计。

微课视频

商业空间
体验式设计

7.1 商业空间体验式设计的相关概念

7.1.1 关于体验式设计

体验是指人在特定的空间中产生的心理变化、经验、经历、体会等。设计中始终要把消费者的体验放在第一位。体验式设计，是从视觉、听觉、嗅觉、味觉、触觉等五觉着手，满足消费需求，激发消费者的感官体验，让其充满安全感与新鲜感。体验式商业是以休闲娱乐为主、以购物消费为辅的商业形态，不仅能够促进购物，还能够促使人们产生愉悦的体验，这种体验来自视觉、听觉、嗅觉等因素的综合作用，体验式商业空间的魅力就在于其提供的体验感是美好且不可复制的。

7.1.2 关于体验经济

体验经济是继农业经济、工业经济、服务经济发展的第四个经济阶段，是新型的经济形态，注重服务的文化内涵和精神层次，其构成要素包含实体商品、无形服务，以及难忘的体验。

7.1.3 关于体验消费

体验消费重点在于体验，指的是调动消费者去感知事物，获得记忆的过程。体验经济的实质是追求自我价值的实现，重视消费者的感受和参与度。商品的实用性不再是唯一的影响因素，吸引消费购买的是隐含的情感的体验，例如能够带给消费者愉快的记忆。通过购买行为，消费者实现情感渴求与理想自我的融合。

7.2 商业空间体验式设计的目的

随着科技不断进步，发展迅猛的电商为人们在购物时提供了更多的选择，以便捷化、智能化的购买形式成为人们提包式购物的替代方式，社会数字化进程的加快成为人们追求体验消费的助推器。未来线下商业空间的经营核心不再是商品本身，而是电商不能提供的体验，购买成为休闲娱乐的附属品。体验式商业空间在设计上体现出更多细腻的变化，借助 VR、人工智能等技术，对声、光进行改变，使消费者产生心理变化，实现与环境之间的交流互动，获得更加丰富的体验。通过智能云系统提供个性化的定制服务，进一步突出互动效益，个性化的定制商品能够有效提升消费者的好感，生态、文化、艺术、社交以及智能化场景的结合能够吸引更多的关注（图 7.1）。

图 7.1 西安中粮·天悦展示中心体验设计

7.3 商业空间体验式设计的特点

传统的商业空间设计强调功能，以提高销售额，商业空间体验式设计遵从消费者的心理变化和对个性化、多样化的向往，使消费者与环境相互影响，这也是体验式商业空间的特点。商业空间的温度、湿度、形态都影响着消费者的感受，并直接作用于消费行为。打造突出情感需求的商业空间，提高精神层面的获得感和满足感，使消费者得到印象深刻的回忆与体验（图 7.2）。

7.4 商业空间体验式设计的意义

随着人们生活方式和消费观念的转变，传统商业空间已经不能满足当下消费者的需求，体验式商业空间以其更加贴合时代发展的优势逐渐得到了市场的认可。体验经济能够满足深层次的消费需求。体验式设计以互联网技术为依托，注重客户对于服务的满意度。体验式设计是对商业本质的回归，能够满足消费者购物、娱乐、社交等多方面的需求。体验式商业空间设计是将体验式概念运用到商业空间中，是“线上、线下和物流”三位一体的商业空间，表现形式丰富，科技化、数字化是其典型特征。从消费者的角度出发，强调消费者的体验，将线上购物延伸到线下区域，网络零售与实体零售协同并进（图 7.3）。

图 7.2　宁静的空间本质体验设计

图 7.3　一场再生逻辑的体验式商业空间设计

7.5　商业空间体验式设计产生的背景

当前，商品经济已经实现了从“产品经济”“服务经济”到“体验经济”的转变，体验经济是发展的新阶段，具有开放性、互动性等特征，更注重与消费者的情感交流。社会经济从服务型向体验型转变的背景下，不同消费方式的共同作用使得人们的消费观念不断变化，推动零售环境的改善。为了鼓励市场的长足发展，政府颁布实施了一系列保障“体验式设计”可持续性发展的战略，鼓励多领域的融合与协同发展、创新服务体验以及将“互联网 +”工程列为重点工作内容，为体验式设计的发展提供

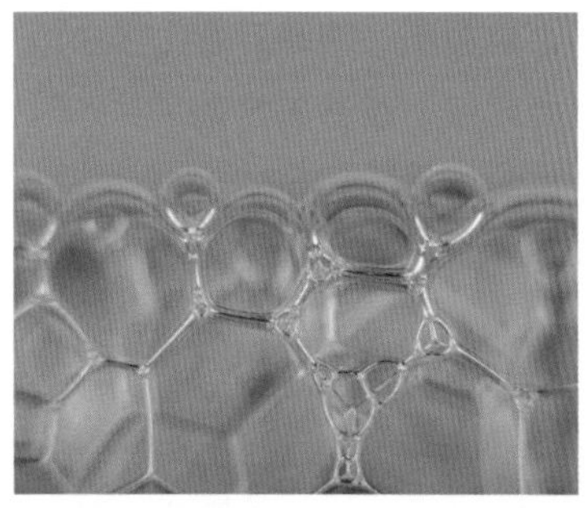

图 7.4 AIRMIX 生活方式概念店体验设计（一）

政策支持。

随着社会数字化进程的加快，依托于互联网的大数据、人工智能等技术都被应用于商业空间。利用好这些技术，打造既智慧又智能的体验式商业空间成为当下商业空间设计的新趋势。商业空间可以利用大数据技术，把握市场动向，针对行业变化对品牌种类进行弹性调整。同时，商业空间可以引入更加适应市场动向的品牌，不断调整业态分布，从而进一步提升空间活跃度，获得更高的经济效益。如今体验式商业空间已经成为未来商业空间的发展趋势，使得商业空间设计面临着新的挑战。因此，设计师应该将目光转向新生代消费者，了解他们的精神世界，从而在瞬息万变的行业趋势中发现更多可能（图 7.4、图 7.5）。

图 7.5 AIRMIX 生活方式概念店体验设计（二）

7.6 商业空间体验式设计的分类

体验式商业空间类型丰富，其中最典型的包括线下体验店、概念店、快闪店和体验式设计商超。

7.6.1 线下体验店

线下体验店弥补了网购平台的短板，带给消费者更多的体验。在线上购物中消费者仅通过屏幕无法准确获得商品信息。线下渠道的拓宽使得消费者与商品之间不再有隔阂。当下互联网市场日趋饱和，致力于占领市场的电商可以以线下的体验店为新的突破点，作为“体验式营销”的方式，带来更多的流量和曝光度，增加品牌推广、商品认知与销售渠道（图7.6）。

图7.6　错位时空里的光影潮流体验设计

7.6.2　概念店

概念店致力于关注商品实体与虚拟元素之间的关系，力求在物质与虚拟的空间中探寻融合和提升，以抽象的视觉元素、数字化的方式创建特定主题的虚拟世界，赋予它们文化、个性和情感等。存在于时空维度的媒介形态是物质的或者虚拟的，消费者能够身临其境地感知它们。作为连接物质世界与虚拟世界的桥梁，概念店的产品在信息技术的支持下，产生了相辅相成的效果（图7.7）。

7.6.3　快闪店

快闪店是具有临时性和时效性的店铺，存在周期短，在短时间内引发舆论热评，通过社交媒体等网络平台的推送，以颇具戏剧性的造型和富有趣味的体验活动吸引消费者广泛参与，可与时尚热门话题相结合。快闪店的选址通常在城市中心的商业街，运用极具夸张、与现实尺度迥异的空间造型，与周围的街景形成鲜明的对比，扩大吸引力。快闪店差异化的表现彰显品牌特色，能够吸引更多潜在的消费者（图7.8）。

图 7.7　城市山居体验设计

图 7.8　pushBUTTON 体验设计

7.6.4　体验式设计商超

体验式设计商超是针对不同场景、不同用户、不同时段需求产生的创新超市。体验式设计商超的不同之处体现在打破时空的束缚，将线下数据与云端实时联网，消费者可选择线下购买或线上选购，可以随时随地实现购物自由，精准体现出体验式设计的本质（图 7.9）。

图 7.9　OMEGA MART 大型体验式商超

7.7　商业空间体验式设计的原则

体验式商业空间设计是在现代环境心理学基础上产生的更为新颖的设计方法，强调人的体验需求。体验式设计的概念源于设计环境对经验形成的主观影响。在体验式商业空间中，消费者与环境通过交互，获得不同寻常的体验和感受。

7.7.1　重视休闲娱乐

消费者购买商品时，除了对商品实用性的考虑之外，购物时产生的愉悦感也是影响消费行为的重要因素，人们从对商品高性价比与实用性的重视，逐步转向为购物体验买单。为了符合这一消费心理的转变，商业空间注重对于体验感的设计，通过设计主题、设置具有趣味性的互动体验项目、运用鲜明的视觉元素等方式以加强体验感。体验式商业空间设计在满足信息传递的基础上，适当体现休闲娱乐的功能，能有效提升并改善消费者的购物体验（图 7.10）。

图 7.10　新概念商店体验设计

7.7.2　融入社交环节

在当今万物互联科技飞速发展的时代，技术并不能完全给予人们交流的亲切感，将人们的社交需求融入体验式商业空间设计中，为消费者创造交流互动的场所，成为体验式商业空间设计的必然需求。

通过设计互动体验环节，实现信息的裂变，使商品得到有效推广，吸引更多消费人群（图 7.11）。

图 7.11　未在·怀石炭火烧体验设计

7.7.3　创造艺术审美

在商业空间设计中，审美价值是仅次于交换和使用价值的第三大价值。在消费者越来越重视精神感受的环境下，消费需求的个性化、多样化顺应了当代市场的消费潮流，成为引导提升国民美育的重要途径。毫无美感的设计注定会被市场淘汰，因此，设计师要研究当下的审美趋势，在设计作品中注入更多的美学元素创设情境，引导消费者调动感官，提升消费者的审美情趣，从而获得良好的购物体验（图 7.12）。

图 7.12　科技感眼镜店体验设计

7.7.4　定制个性化体验元素

如今消费者的角色内涵已从“参观者”过渡到“参与者”，越来越多的消费者投入到设计活动中成为共同构建体验元素的重要环节。角色内涵转变的同时消费行为亦发生了变化，赋予消费者更多自主选择的权利，消费行为向着多样化的趋势发展，例如鼓励消费者设计自己理想中的商品，满足他们个性化的追求（图 7.13）。

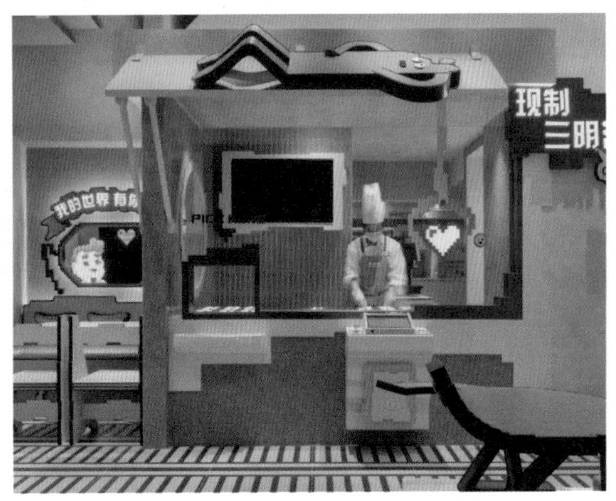

图 7.13　马里奥像素风体验设计

1. 案例分析：in the PARK 新概念买手店

建于 2021 年的 in the PARK 新概念买手店位于上海静安区延平路的“现所”创意园区内，共三层，总面积约 290m^2，空间功能布局多样化，汇集咖啡、出版物、音乐、生活杂货、男装、鞋包、配饰等的综合零售空间，这里定期举办摄影展览、设计师讲座、艺术活动等，吸引了很多热爱生活、关注艺术的人。

买手店的室内设计呈现了生活与街区文化的融合，模糊了室内室外的界限，营造出真实的公园场景。店铺内的陈列不拘泥于常规，设计元素源于上海的市井生活，晾衣杆、路标、竹椅、大树、石头、滑梯、座椅等元素经过巧妙的设计被运用于方案中，让客户仿佛置身于公园中游玩。

买手店的空间设计也颇具特色，在平面布置中，采取不同方向的流线设计连接不同区域，宛如公园里曲径通幽的小道，引人入胜。滑梯的橙色扶梯，贯穿着三层，室内陈列的家具都模拟街头的物件，环绕大树的座椅在这里变为围绕水泥柱的环形置物架，公园中常见的沥青地面与橡胶跑道色的滑梯也被运用到设计中，“玩”的概念贯穿始终，从空间形态、色彩、材质等方面呈现出自然和工业的共存关系。

in the PARK 新概念买手店在平面布局、形式提炼、材料使用等多方面均体现“室外环境引进室内”的创新设计理念，通过提取室外的形式元素并加以再设计，既兼顾“玩”的概念又满足空间功能需求（图 7.14 ～图 7.17）。

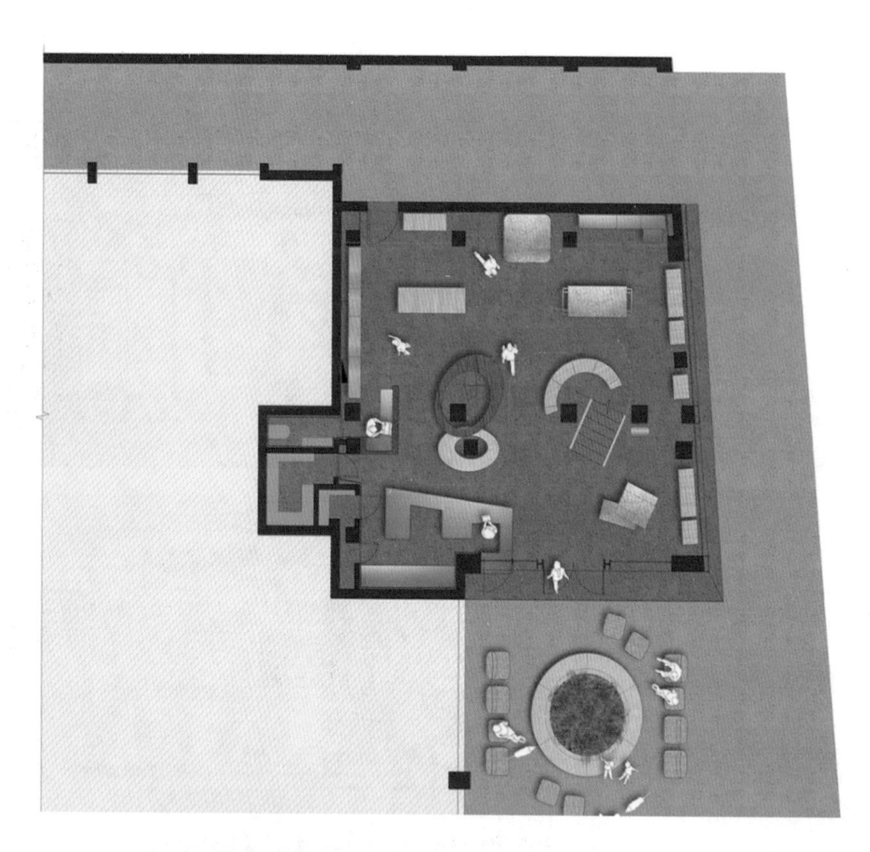

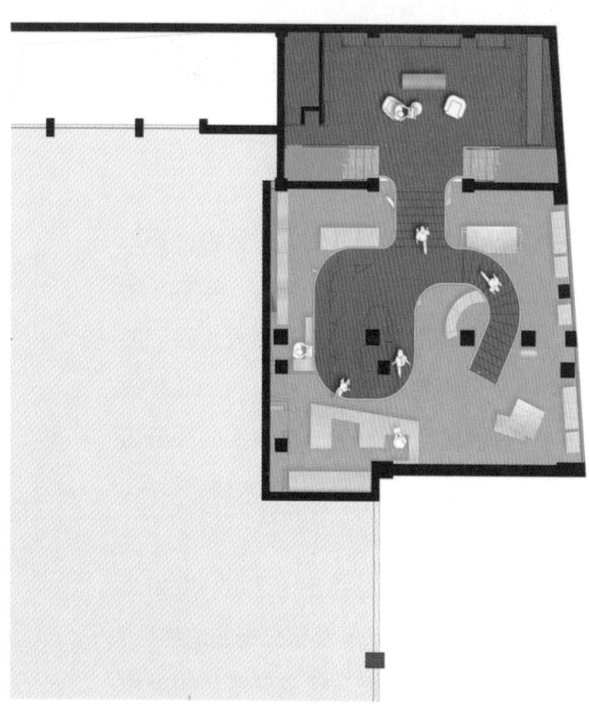

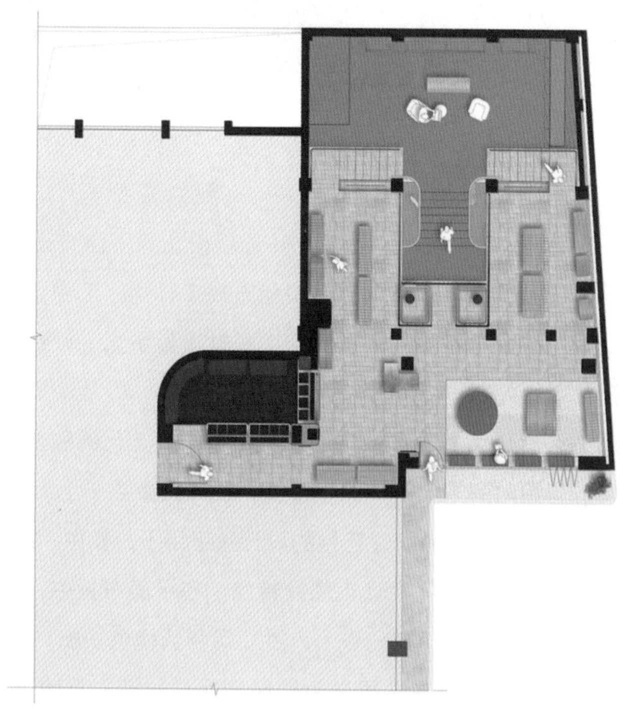

图 7.14　in the PARK 新概念买手店平面图

图 7.15　in the PARK 新概念买手店室外

图 7.16　in the PARK 新概念买手店室内（一）

图 7.17　in the PARK 新概念买手店室内（二）

2. 案例分析：J1M5 买手店

J1M5 买手店位于青岛海信广场，入口是一条充满未来感的工业风走廊，穿插了不锈钢材质，镜面设计增加了质感，使得整个店铺更加明亮，细节、功能、材料在这个空间内相互碰撞，带有结构美学、序列有秩的镜面天花以及橱窗开合空间尽头的镜面世界，呈现出无限序列空间的效果，带给观者仿佛置身于高耸建筑之间的体验。

该方案的设计概念源于买手店的文化涵义。买手店最初是由带着行李箱的买手周游世界，精选不同品牌的时装、箱包、饰品等商品整合到一起形成店铺。行李箱是买手店的符号，因此，将行李箱作为主要的设计元素，在平面布局、动线组织、展示道具等方面均有所体现（图 7.18）。行李箱拥有箱体独特的结构语言，能够灵活运动，箱体与箱体之间能够相互组合、分离，由此改变空间的整体布局。在此基础上，陈列方式也不拘一格：柜体关闭，将构成充满柱子的空间，充分展示了结构美学；柜体打开，将陈列的箱包、鞋子、衣物等展示处理，方便客户选择；柜体也可呈现不完全打开的状态，将陈列的形式更加多样的显示（图 7.19）。

J1M5 买手店的空间功能有两种模式：一种是日常展示模式，消费者游走在整齐排列的柜子之间，内有陈列品的柜门或打开或闭合；另一种是走秀模式，将柜体往四周移动，形成环绕状态，或者将柜体移向两侧合并成一个大型矩阵，空出最大化使用空间。通过改变柜体的位置，调整空间动线和结构，以满足各种商业活动的需要。J1M5 买手店是一个满是行李箱的奇异世界，通过巧妙利用行李箱的空间结构特点，灵活变化出多种陈列形式，组织与创新空间的功能模式，既是能带来独特购物体验的商业空间，也是消费者交流、分享的走秀现场（图 7.20）。

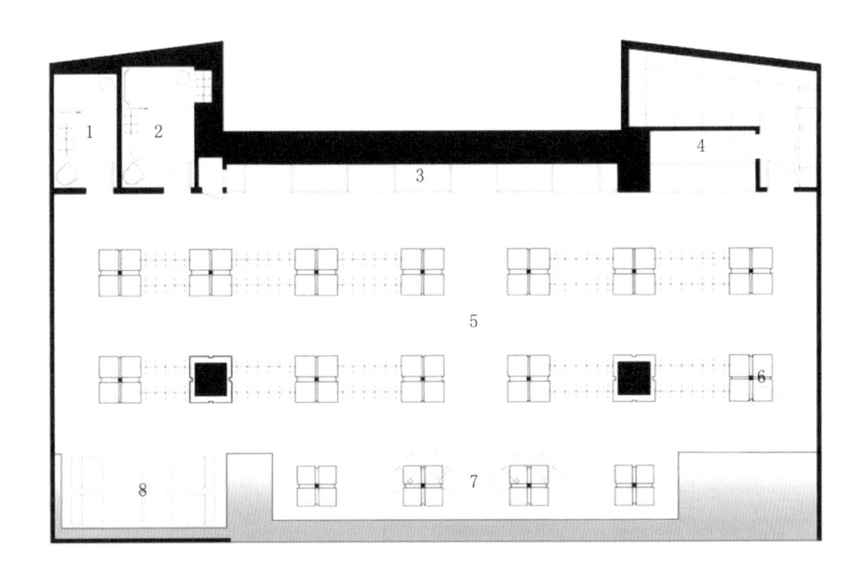

图 7.18　J1M5 买手店平面布置图

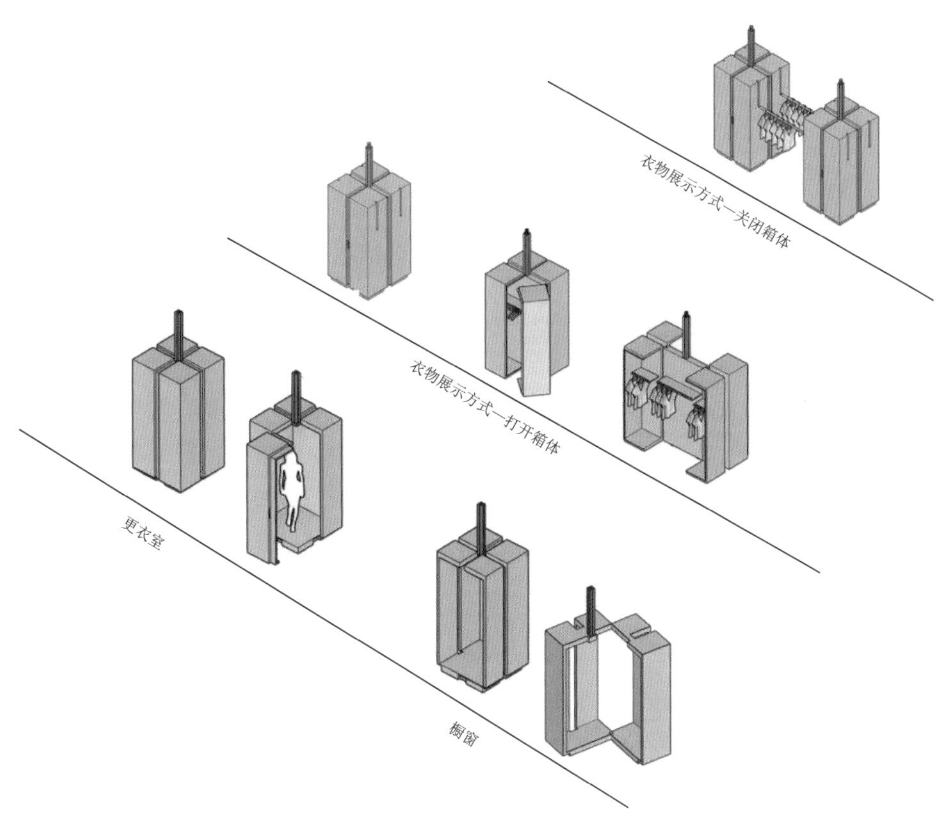

图 7.19　J1M5 买手店的陈列方式

图 7.20　J1M5 买手店

图 7.21　iFASHION 集合店设计（一）

3. 案例分析：iFASHION 集合店

iFASHION 集合店是淘宝官方推出的时尚互动平台，连接原创设计师和消费者（图 7.21）。iFASHION 集合店的消费者以年轻群体为主，是颇具前景、备受期待的新兴平台。方案以“公共性”为核心创意点，重视室内空间与街区文化的融合性，将户外自然元素融入商业空间的室内设计中，联动内与外，把公园里的公共设施带入到室内空间，作为节点设置在空间的各个部分，通过路径串联起来，以全新的形式和功能使消费者获得新奇的体验，打造富有公园情景的品牌集合店。根据使用功能和展示内容，将空间主要划分成为展示售卖区、主题体验区、新品发布区、试衣体验区、设计师手稿区、接待与活动区、自助与人工结账区、饮品区等区域，兼具文化、活动与销售的空间属性。iFASHION 集合店的设计注重消费者的体验，合理设置活动和展示内容，确保空间布置的灵活性，设计出线上线下一体化的展示、体验与反馈的场所（图 7.22）。

为了创设公园的场景，体现自然与工业的美学特点，元素提取的对象为城市公园中的公共设施。在材质选择方面主要选用金属、混凝土，凸显工业风和未来感，统一的灰色调鲜明呈现出商品和品牌的特色。局部使用绿色绒布等软装，强化户外的自然气息。小面积镭射玻璃的使用，为观众带来如梦似真的奇幻感受。

图 7.22　iFASHION 集合店设计（二）

单元小结

本章内容是本教材学习的重点。商业空间设计中要注重引领时代潮流、与时俱进。在数据驱动和消费升级的大背景下，体验式设计为实体零售业的发展提供了新机遇。如何在商业空间中创新性地打造具有趣味性的体验设计，为消费者创造新奇而富有趣味性的消费空间，满足个性化的消费需求，实现自我追求和文化身份认同，是同学们通过本章学习要掌握的知识点。本章通过多个案例的生动展示，把体验式设计的抽象概念具象化，帮助同学们更好地掌握知识要点。

思考题

1. 商业空间中体验式设计的主要表现方式有哪些?
2. 结合具体案例谈一下商业空间中体验式设计的创新点有哪些?
3. 商业空间中体验式设计的目的和意义是什么?

参考文献

[1] 周邦建 . 解析酒店：二十年实践与思考 [M]. 上海：同济大学出版社，2021.

[2] （美）苏珊 · M. 温奇普 . 照明设计手册 [M]. 霍雨佳，译 . 武汉：华中科技大学出版社，2020.

[3] 全国颜色标准化技术委员会 . CBCC 中国建筑色卡国家标准 1026 色 [M]. 深圳海川色彩科技有限公司，2021.